EUROPA-FACHBUCHREIHE
für wirtschaftliche Bildung

Gerd Keiser
Martin Debus
Annika Scholz

Personalwirtschaft

2. Auflage

VERLAG EUROPA-LEHRMITTEL • Nourney, Vollmer GmbH & Co. KG
Düsselberger Str. 23 • 42781 Haan-Gruiten

Europa-Nr.: 75751

Autoren

Debus, Martin	Studiendirektor	Recklinghausen
Dr. Keiser, Gerd	Studiendirektor	Gelsenkirchen
Scholz, Annika	Oberstudienrätin	Recklinghausen

2. Auflage 2011

Druck 5 4 3 2 1

Alle Drucke derselben Auflage sind parallel einsetzbar, da sie bis auf die Behebung von Druckfehlern untereinander unverändert sind.

ISBN 978-3-8085-7576-5

Satz:	Martin Debus, 45659 Recklinghausen
Umschlag:	Taff Stuff Media - Groß & Groß GbR, 26629 Großefehn
Druck:	Konrad Triltsch Print und digitale Medien GmbH, 97199 Ochsenfurt-Hohestadt

Vorwort

Das Lehr-, Lern- und Arbeitsbuch Personalwirtschaft erfüllt die Anforderungen der Ausbildungsordnung und des KMK-Rahmenlehrplans für Büroberufe und richtet sich darüber hinaus an alle kaufmännisch-verwaltenden Bildungsgänge der Berufsschule und der Berufsfachschule. Es ist konsequent an einer Didaktik ausgerichtet, die Handlungsorientierung betont und Lernende zu selbstständigem Planen, Durchführen, Kontrollieren und Beurteilen von Arbeitsaufgaben unter Berücksichtigung aller Kompetenzdimensionen im Rahmen personalwirtschaftlicher Gestaltungsmöglichkeiten führt. Dabei werden insbesondere rechtliche, tarifliche und soziale Aspekte berücksichtigt.

Handlungsorientierung als didaktisches Konzept, das handlungs- und fachsystematische Strukturen miteinander verschränkt, kommt in der Dreigliederung des Buches zum Ausdruck:

- **Komplexe Lernsituationen** mit dem Modellunternehmen Heinrich Felge Reifenhandlung e. K. als Bezugsrahmen erschließen zentrale personalwirtschaftliche Aufgaben. Zur Entwicklung einer umfassenden Handlungskompetenz orientieren sich die Lernsituationen zu jedem Themenbereich an konkreten gesellschaftlichen und insbesondere beruflichen Aufgabenstellungen und Handlungsabläufen sowie deren Theoriebezügen. Branche und Produkte des Modellbetriebes mit Fertigungs- und Handelsfunktion stellen ein didaktisch strukturiertes Abbild der betrieblichen Praxis dar und lassen bildungsgangorientierte Praxisbezüge zu.

- **Systematisierende Sachdarstellungen** stellen die zur Bewältigung der Lernsituationsanforderungen nötigen Informationen anschaulich und übersichtlich bereit, greifen aber ausdrücklich auch verallgemeinernd über die Situationsbezüge hinaus. Zahlreiche Hinweise auf Gesetzestexte ergänzen die Sachinformationen.

- Zusammenfassende, **variierende und vertiefende Aufgaben** helfen den Lernerfolg zu sichern.

Als besonderer Service dienen ein **Kleines Lexikon der Personalwirtschaft** dem schnellen Auffinden von Basisinformationen und eine **Sammlung ausgewählter Gesetzestexte** der vertiefenden Recherche einschlägiger Rechtsregelungen bzw. der selbstständigen Informationsgewinnung am ursprünglichen Gesetzestext.

Ein Lehrerband mit Lösungshinweisen zu den Lernsituationen und Aufgaben ergänzt dieses Buch.

In der Sachdarstellung wird ausschließlich im Interesse einer leichteren Lesbarkeit des Textes die „männliche" Form von Personenbezeichnungen verwendet. Weibliche Personen sind selbstverständlich immer zugleich gemeint und fühlen sich bitte ebenso angesprochen.

Das Autorenteam ist für jede Anregung und Kritik dankbar und wünscht erfolgreiches Arbeiten mit dem Buch.

Autoren und Verlag im Juli 2011

Abkürzungsverzeichnis

AG	Arbeitgeber
AN	Arbeitnehmer
ArbPlSchG	Arbeitsplatzschutzgesetz
BEEG	Bundeselterngeld- und Elterneitgesetz
BetrVG	Betriebsverfassungsgesetz
BDSG	Bundesdatenschutzgesetz
BGB	Bürgerliches Gesetzbuch
DV	Datenverarbeitung
HGB	Handesgesetzbuch
KiSt	Kirchensteuer
KSchG	Kündigungsschutzgesetz
LSt	Lohnsteuer
MuSchG	Mutterschutzgesetz
NachwG	Nachweisgesetz
SGB	Sozialgesetzbuch
SolZ	Solidaritätszuschlag

Inhaltsverzeichnis

Teil 1 Lernsituationen

Teil 2 Sachdarstellung

Die Lernsituationen

Der Modellbetrieb
Heinrich Felge Reifenhandlung

Die Heinrich Felge Reifenhandlung e. K. ist eine alt eingesessene Groß- und Einzelhandlung der Region. Sie montiert und vertreibt Reifen für beinahe alle Fahrzeugarten. Der Absatzschwerpunkt liegt derzeit im weiteren Umkreis der heimischen Region. Mit dem Hauptgeschäft und den beiden Filialen gehört die Reifenhandlung nach Mitarbeiterzahl und Umsatz zu den mittelgroßen Unternehmen dieser Branche.

Unternehmenspolitik

Die Unternehmenspolitik der Reifenhandlung zielt darauf ab, sich auf einem Markt, der sehr stark zu Zusammenschlüssen zwischen einzelnen Unternehmungen neigt, die wirtschaftliche und finanzielle Eigenständigkeit zu bewahren. Die Geschäftsleitung legt daher besonderen Wert auf die bereits seit Jahren bestehenden Geschäftsverbindungen mit Stammkunden.

Mit einem kompetenten Reifenservice lassen sich die Kundenkontakte und die Werkstattauslastung erhöhen. Auch geht es beim Reifen um die aktive Sicherheit des Kunden. Wer hier fachkompetent ist, stärkt das Vertrauen seiner Kunden und damit die Kundenbindung und -zufriedenheit. Zu einem zweiten Standbein entwickelt sich immer mehr der Verkauf von Alu-Felgen. Die Reifenhandlung profitiert zur Zeit vom anhaltenden Umrüstboom der Automobileigner, sich nachträglich mit größeren Rad- und Reifendimensionen zu versorgen.

Wachstumspotenzial sieht die Reifenhandlung auch in der Erweiterung ihres Angebots auf Reparaturen rund um den Reifen, insbesondere auf Bremsen oder Stoßdämpfer mit ihrem natürlichen Verschleiß und daraus resultierendem Erneuerungsbedarf. Alle Maßnahmen sollen auch in Zukunft die Stellung des Unternehmens am Markt festigen und möglichst viele Arbeitsplätze sichern. Es ist jedoch nicht auszuschließen, dass zukünftig teilweise andere Qualifikationen im Unternehmen gebraucht werden.

Für die Umsetzung der Unternehmensziele bedarf es qualifizierter, leistungsfähiger und motivierter Mitarbeiter. Die personalwirtschaftlichen Entscheidungen und Maßnahmen sind darauf ausgerichtet, dass diese in der benötigten Anzahl zum richtigen Zeitpunkt am richtigen Ort zur Verfügung stehen. Die Unternehmensleitung fördert besonders die breite Qualifikation der kaufmännischen Mitarbeiter. Seit ca. drei Jahren sorgt ein regelmäßiger Arbeitsplatzwechsel dafür, dass Urlaubs- und Krankenvertretungen ohne Reibungsverluste ablaufen. Für das kommende Jahr sind Fortbildungsmaßnahmen zur Verkäuferschulung und im Umgang mit Informationstechnologien in Form des „training on the job“ geplant.

Die Mitarbeiter der Reifenhandlung

Die Heinrich Felge Reifenhandlung e. K. beschäftigt an drei Standorten 22 Mitarbeiter. Davon sind zehn in den kaufmännischen Abteilungen tätig. Die Personalverwaltung befindet sich für alle Mitarbeiter in der Hauptfiliale. Drei Beschäftigte absolvieren eine Ausbildung zur Bürokauffrau bzw. zum Bürokaufmann. Die restlichen Mitarbeiter sind in der Lagerverwaltung, mit Montagearbeiten oder im Fahrdienst beschäftigt.

Personalliste der Heinrich Felge Reifenhandlung

Personal-Nr.	Name	Tätigkeit	Gehalt (€)	Stundenlohn (€)
1231157	Hohlbein, Monika	Chefsekretärin	2 400,00	
1120654	Mühlbach, Hellmuth	Filialleiter	4 200,00	
2070760	Olowski, Monika	Filialleiterin	4 100,00	
1091148	Berger, Gerhard	Leiter, Montage/Lager		16,92
3130474	Wassermann, Hans	Bürokaufmann (Azubi)	680,00	
2240649	Schuft, Karl	Leiter, Montage/Lager		16,92
3020656	Adolfo, Karl-Heinz	Leiter, Montage/Lager		16,92
3080955	Nagel, Olaf	Auslieferung/Montage		12,56
1101065	Oderbein, Katharina	Bürokauffrau, Personal ...	2 100,00	
3150559	Spörl, Herbert	Filialleiter	3 500,00	
1160357	Fiebig, Alfred	Bürokaufmann, Verkauf	2 900,00	
1151175	Langner, Heiko	Bürokaufmann (Azubi)	820,00	
1260146	Matzek, Walter	Lager/Montage		15,32
1170563	Schimanowski, Gerd	Auslieferung/Montage		12,56
2240860	Krebs, Ina	Bürokauffrau, EK/Rewe	1 900,00	
2160752	Borowka, Brigitte	Bürokauffrau, Verkauf	1 950,00	
2121274	Jeschke, Beate	Bürokauffrau (Azubi)	750,00	
2181041	Oppermann, Günter	Lager/Montage		14,32
2150158	Thorsten, Dieter	Auslieferung/Montage		12,56
3030456	Rundholz, Jürgen	Bürokaufmann, EK/Rewe	2 400,00	
3080665	Weiser, Katja	Bürokauffrau, Verkauf	1 950,00	
3140762	Wehking, Holger	Lager/Montage		15,24

Betriebsrat: Olaf Nagel, Karl Schuft, Katja Weiser

Rewe = Buchhaltung EK = Einkauf VK = Verkauf

Organigramm der Heinrich Felge Reifenhandlung e. K.

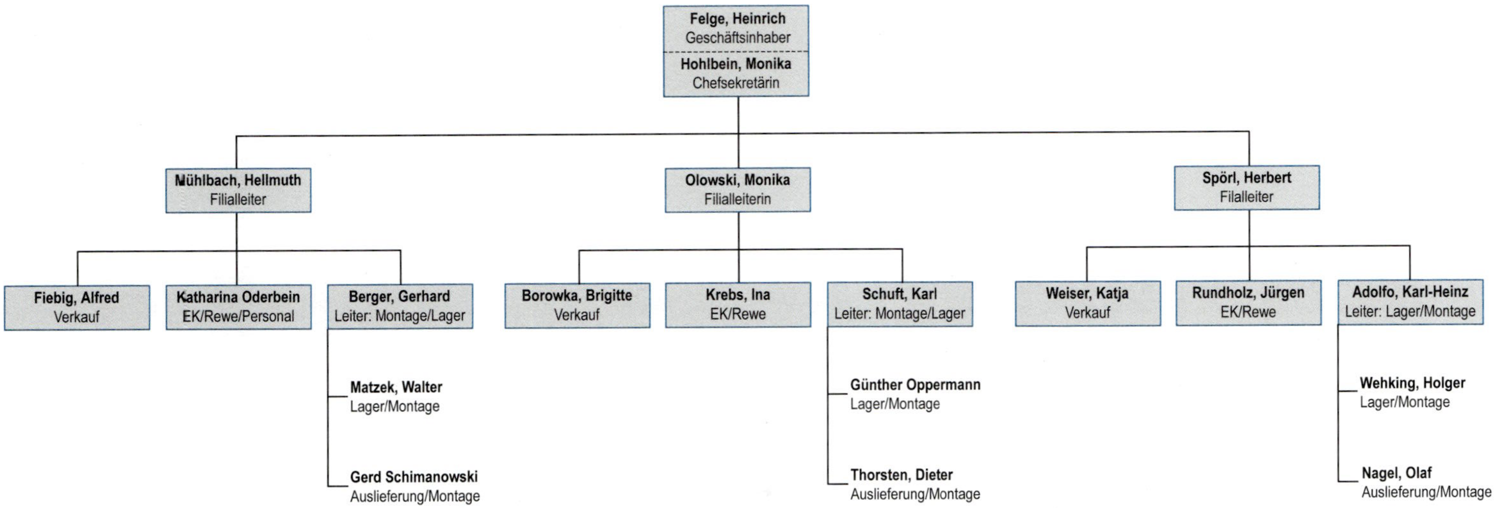

Die drei Auszubildenden aus dem kaufmännischen Bereich - Beate Jeschke, Heiko Langner und Hans Wassermann - durchlaufen während ihrer Ausbildung alle kaufmännischen Abteilungen und werden daher im Organigramm nicht explizit zugeordnet.

Lernsituation 1

Das Personalwesen in der Reifenhandlung - oder: Ohne das Personal läuft nichts.

Lagerleiter Gerhard Berger ist empört: Dass die gerade eingestellte Aushilfskraft „ihre Papiere gekriegt" hat, war fällig, nachdem mehrfach „etwas vom LKW gefallen" war. Aber nun hat man erst mal keinen Ersatz für sie. Herr Berger hatte mit dem Auszubildenden Langner gerechnet. Doch Langner muss nach Ausbildungsplan die Personalverwaltung praktisch kennen lernen (schließlich endet seine Ausbildung bald). Und bis Friedhelm Beißert vom Bund zurückkommt, vergehen noch vier Monate - außerdem kennt der sich mit dem neuen Lagersystem nicht aus. „Aber in einem Jahr" - sagt sich Berger - „bin ich die Probleme los. Den Ruhestand habe ich mir dann auch verdient."

Da hilft Herrn Berger auch nicht, dass Frau Katharina Oderbein (Personalverwaltung) beim Pausengespräch in seine Klage einstimmt: Die Kollegin Brigitte Borowka hat sich nun doch für Elternzeit entschieden - und die sollte für die Abwicklung des elektronischen Zahlungsverkehrs geschult werden. „Ich kann die Arbeit doch nicht auch noch übernehmen. Irgendwann leidet die Qualität.", sagt sie.

Den Einsatzplan für die kommende Woche musste sie auch schon ändern, weil Fiebig am Dienstag einen Arzttermin hat. Und jetzt muss Ina Krebs am Donnerstag für eine Beerdigung beurlaubt werden. Also noch mal ändern. Und wie sollen die Regelbesetzungszeiten eingehalten werden? Herr Schimanowski will unbedingt Freizeitausgleich, den er bisher aus betrieblichen Gründen noch nicht in Anspruch nehmen konnte. Ob Herr Langner, der gemäß Ausbildungsplan demnächst in die Personalabteilung wechselt, vielleicht einmal nicht zur Berufsschule geht und länger in der Abteilung bleiben kann? Schließlich ist er gut eingearbeitet und beherrscht das neue Warenwirtschaftssystem.

Irgendwie sind sie sich - ohne es so auszusprechen - einig, dass etwas mit dem Personalwesen, der Personalplanung bzw. der Personalpolitik nicht stimmt.

1. Identifizieren Sie anhand der Situation - ggf. auch darüber hinausgehend - Aufgaben und Probleme von Personalarbeit.
2. Unterscheiden Sie „Personalwirtschaft" und „Personalwesen" sowie „Gestaltungsentscheidungen" und „Verwaltungstätigkeiten".
3. Nennen Sie Beispiele für innerbetriebliche und außerbetriebliche Bestimmungsfaktoren der Personalwirtschaft bzw. des Personalmanagements.
4. Versuchen Sie, situationsbezogen und verallgemeinernd, „Personalpolitik" und „Personalverwaltung" zu unterscheiden.
5. Nennen Sie konkrete Beispiele für „Rahmenaufgaben" und „Kernaufgaben" der Personalarbeit.
6. Beschreiben Sie, wie in Ihrem Ausbildungsbetrieb das Personalwesen organisiert ist (Abteilung / Stelle / Aufgabenelemente einer Stelle). Berücksichtigen Sie dabei auch die Berufsausbildung.

Lernsituation 2

Personalplanung in der Reifenhandlung - oder: Qualität und Quantität müssen stimmen.

Die betriebliche Gesamtplanung in der Reifenhandlung, insbesondere die prognostizierte Entwicklung auf dem Auto- und Reifenmarkt, erfordert eine Personalplanung, die vorausschauend eine optimale Versorgung mit Mitarbeitern in qualitativer und quantitativer Hinsicht berücksichtigt. Heinrich Felge hat zur regelmäßig tagenden Personalplanungsrunde seine Führungskräfte, die Filialleiter Hellmuth Mühlbach, Monika Olowski und Herbert Spörl eingeladen:

Spörl: „Unser Umsatz hat sich im vergangenen Jahr über Erwarten auf 4,1 Mio EUR gesteigert. Für das kommende Geschäftsjahr ist ein weiterer Umsatzzuwachs von 8 % geplant."

Olowski: „Der Personalbestand ist bisher nicht mitgewachsen, jedoch konnte die Arbeitsproduktivität wesentlich verbessert werden. Aber so haben wir jetzt natürlich auch weniger Luft für Unvorhergesehenes. Manches kann man eben nicht planen, und mit Mehrarbeit ist das so eine Sache."

Felge: „Dann müssen für eine gewisse Zeit eben alle noch eine Schippe drauflegen, das wird doch wohl gehen."

Mühlbach: „Für die neuen Herausforderungen brauchen wir vor allem auch neue Qualifikationen, da muss man sich eben mal umsehen. Schließlich haben wir was zu bieten."

Felge: „Wenn der richtige Mann oder die richtige Frau am richtigen Platz richtig gefordert und gefördert wird ..."

Olowski: „Unsere bisherige Personalpolitik hat auf die Stärken der eigenen Ausbildung und der Weiterqualifikation in Kooperation mit unseren Vertragspartnern gesetzt und ich meine, wir sollten bei diesem Konzept bleiben. Trotzdem könnte ich mir auch eine kurzfristige Überbrückung des Personalengpasses von außen vorstellen ..."

1. Erläutern Sie grundsätzlich und situationsbezogen die Einbindung der Personalplanung in die Gesamtplanung der Unternehmung.
2. Unterscheiden Sie quantitative und qualitative Aspekte der Personalbestandsplanung.
3. Erläutern Sie, welche Größen den quantitativen Personalbestand beeinflussen.
4. Ermitteln Sie den Personalbedarf (quantitativ) der Reifenhandlung für die Bereiche Montage/Lager/Auslieferung unter Berücksichtigung folgender Gegebenheiten und Vorgaben der Geschäftsleitung:
   - Alle bislang bestehenden 9 Stellen sind mit Vollzeitkräften besetzt.
   - neu zu schaffende Planstellen: 2
   - voraussichtliche Personalabgänge: 1,5 (Ruhestand, Übergang auf Teilzeit)
   - voraussichtliche Personalzugänge: 1 (Rückkehr aus Elternzeit)

5. Unterscheiden Sie Kennzahl- und Stellenplanmethode.
6. Überlegen Sie, welche Personalentwicklungsmaßnahmen in der Reifenhandlung geeignet sein könnten. Machen Sie auch entsprechende Vorschläge für Ihren Ausbildungsbetrieb.
7. Beschreiben Sie Einflussgrößen bei der Erstellung von Personaleinsatzplänen.
8. Für die Urlaubsplanung von der 24. - 33. Kalenderwoche haben die Mitarbeiter der Heinrich Felge Reifenhandlung u. a. folgende Wünsche eingereicht. Alle Wünsche schließen die genannten Wochen mit ein.

   Die Sommerferien beginnen in der 26. Kalenderwoche und enden mit der 31. Kalenderwoche.

Mitarbeiter	Funktion	Bemerkungen	Urlaubswunsch
Mühlbach	Filialleiter	geschieden	26. - 28. Woche
Olowski	Filialleiterin	alleinerziehend, schulpflichtiges Kind	28. - 30. Woche
Spörl	Filialleiter	verheiratet, 2 schulpflichtige Kinder	28. - 29. Woche
Schuft	Lagerleiter	verheiratet, Kinder nicht schulpflichtig	28. - 29. Woche
Borowka	Bürokauffrau	verheiratet, keine Kinder	30. - 32. Woche
Krebs	Bürokauffrau	verheiratet, keine Kinder	24. - 25. Woche
Thorsten	Fahrer	verheiratet, Kind nicht schulpflichtig	33. Woche
Oppermann	Lager/Montage	verheiratet, 3 schulpflichtige Kinder	28. - 29. Woche
Jeschke	Auszubildende	ledig, keine Kinder	25. - 26. Woche

a) Stellen Sie die Urlaubswünsche in einem Balkendiagramm dar.

b) Heinrich Felge macht zur Urlaubsplanung folgende Vorgaben:

- Da sich die Filialleiter gegenseitig vertreten sollen, müssen immer 2 Filialleiter anwesend sein.
- Lagerleiter und Mitarbeiter im Lager dürfen nicht gleichzeitig Urlaub haben, ebenso muss das Büro besetzt sein.
- Die Auszubildende soll ihren Urlaub in den Schulferien nehmen.

Optimieren Sie unter den gegebenen Umständen den Urlaubsplan.

Lernsituation 3

Personalbeschaffung - oder: Ein neuer Mitarbeiter zur Optimierung der Geschäftsprozesse in der Reifenhandlung

Heinrich Felge hat mit seinen Filialleitern die CeBIT besucht, um Informationen über die Leistungen führender Anbieter von kaufmännischer PC-Software zu erhalten.

Mehr Wettbewerbsstärke durch optimierte Business-Prozesse -
die Lösung Ihrer Probleme durch eine kaufmännische Profi-Software

Auftragsbearbeitung: Clever anpacken, besser durchblicken

Finanzbuchhaltung: Schneller buchen, sicher auswerten

Lohn & Gehalt: Was sich rechnet, lohnt sich auch

Sicherheit in allen kaufmännischen Aufgaben versprechen die Highlights der kaufmännischen Komplettlösungen:

- **umfangreiche Stammdatenverwaltung**
- **integriertes Mahnwesen**
- **Fakturierung**
- **Textverarbeitung**
- **Offene-Posten-Verwaltung**
- **Auftragsbearbeitung**
- **Lagerwirtschaft**
- **Lohnabrechnung.**

Eine maßgeschneiderte Software für die Reifenhandlung, die von der Finanzbuchhaltung bis zur Lohnabrechnung, von der Auftragsbearbeitung bis zum Bestellwesen alles in einem System verwaltet, wäre ein Fortschritt in die richtige Richtung - davon ist auch Heinrich Felge überzeugt. Damit könnte man die kaufmännische Verwaltung in den Griff bekommen, Zeit und Kosten sparen und der Konkurrenz ein Schnippchen schlagen.

In einer abschließenden Besprechung mit den Filialleitern wird schnell klar: Ein neuer Mitarbeiter muss her, um die Ideen und Impulse für die neuen Wege im Informationsmanagement zu realisieren. Sein Aufgabengebiet stellt man sich so vor: Als Assistent der Geschäftsleitung ist er verantwortlich für die Umstellung auf eine vernetzte EDV-Anlage. Er muss die Leistungen kaufmännischer PC-Programme einschätzen können, sichere Kenntnisse im Umgang mit den Systemgrundlagen haben und Erfahrungen in der kaufmännischen Verwaltung aufweisen. Er ist verantwortlich für die Systempflege und zugleich Berater in allen Abteilungen zur Entwicklung optimaler Problemlösungen. Der neue Mitarbeiter wird auch die Konzeption, technische Umsetzung, grafische und sprachliche Gestaltung des Internet-Engagements verantworten. Die regelmäßige Betreuung und Aktualisierung gehören dann ebenso zu seinem Aufgabengebiet. Erwartet werden:

> - **Identifikation mit den Zielen der Unternehmung**
> - **effiziente Lösungen für die einzelnen Arbeitsabläufe**
> - **sichere Entlastung in den unterschiedlichen Unternehmensbereichen**
> - **Transparenz über alle relevanten Zahlen in der Unternehmung**
> - **effektive Strategien zur optimalen Präsentation der Produkte im Internet.**
>
> Als Assistent der Geschäftsleitung ist er Teilnehmer an den regelmäßig tagenden Arbeitssitzungen der Filialleiter. Flexibilität, Selbstständigkeit, Kooperations- und Teamfähigkeit, sicheres Auftreten und Präsentationsgeschick sind in hohem Maße bei dieser Tätigkeit gefragt.
>
> Der Bewerber sollte mindestens ein abgeschlossenes Fachhochschulstudium der Informatik oder einen gleichwertigen Studiengang, gute betriebswirtschaftliche Kenntnisse und einige Jahre Berufserfahrung auf dem Arbeitsgebiet besitzen. Er muss über erstklassige technische Fähigkeiten und fundierte Internetkenntnisse verfügen und aufgeschlossen für neue Anwendungen sein. Erfahrungen mit Marketing oder PR-Projekten werden gewünscht.

1. Überlegen Sie, warum die Stelle extern besetzt werden soll. Erörtern Sie für die Reifenhandlung grundsätzlich die Vor- und Nachteile von interner bzw. externer Personalbeschaffung.
2. Entwerfen Sie eine Stellenbeschreibung für den neuen Mitarbeiter.
3. Gestalten Sie mit Bezug zur Situation eine Stellenanzeige für die örtliche Tagespresse.
4. Versetzen Sie sich in die Situation eines Bewerbers und schreiben Sie eine Bewerbung an die Reifenhandlung.
5. Bereiten Sie sich mit Hilfe der Sachdarstellung und der schriftlichen Bewerbungen auf die Bewerbungsgespräche vor, legen Sie dabei eine Gesprächs- bzw. Verhandlungsstrategie fest und führen Sie die Bewerbungsgespräche.

<table>
<tr><th>Gruppe 1</th><th>Gruppe 2</th></tr>
<tr><td>Sie repräsentieren die Geschäftsleitung der Reifenhandlung. Die Bewerbungen aufgrund der Stellenausschreibung liegen Ihnen vor.

Entscheiden Sie sich nach dem Gespräch begründet für einen Bewerber.</td><td>Sie repräsentieren die Stellenbewerber.

Schätzen Sie nach dem Gespräch Ihre Einstellungschancen ein.</td></tr>
<tr><td colspan="2">Wenn Sie nicht an den Bewerbungsgesprächen beteiligt sind, machen Sie sich über den Verlauf Notizen, und geben Sie anschließend eine begründete Einschätzung der Einstellungschancen ab.</td></tr>
</table>

Lernsituation 4

Personaleinstellung - oder: Verstärkung im Team

Die Personalsachbearbeiterin Katharina Oderbein hat in Zusammenarbeit mit der Geschäftsleitung den Arbeitsvertrag für Julia Klug, die neue Assistentin der Geschäftsleitung, vorzubereiten. Sie weiß, dass der Arbeitsvertrag eine Form des Dienstvertrages ist, bei dem trotz des Grundsatzes der Vertragsfreiheit insbesondere wesentliche Regelungen von Tarifverträgen und Betriebsvereinbarungen sowie Mitwirkungs- und Mitbestimmungsrechte zu beachten sind.

1. Machen Sie sich mit den Unterschieden zwischen Tarifvertrag und Betriebsvereinbarung vertraut.
2. Finden Sie heraus, ob und ggf. welche Mitwirkungsmöglichkeiten der Betriebsrat der Reifenhandlung bei der Einstellung hat.
3. Überlegen Sie, welche Punkte in den Arbeitsvertrag mit der neuen Mitarbeiterin aufgenommen werden sollten, und erläutern Sie, welche wesentlichen Rechte und Pflichten sich für die Vertragspartner ergeben.
4. Legen Sie fest, welche Unterlagen von der neuen Arbeitnehmerin spätestens bei Dienstantritt vorzulegen sind und welche Anmeldungen durch den Arbeitgeber vorzunehmen sind.
5. Entwerfen Sie ein Szenario für den ersten Arbeitstag der neuen Mitarbeiterin.
6. Überlegen Sie, welche Dokumente und Vorgänge sinnvoll und berechtigt in der Personalakte geführt werden sollen bzw. dürfen.

Lernsituation 5

Personalentlohnung - oder: Bekommen, was man verdient.

Im Rahmen der Personalverwaltung ist Frau Oderbein auch zuständig für die Erstellung und Buchung der Lohn- und Gehaltsabrechnungen. Doch alle Mitarbeiter meinen, sich gut auszukennen; alle glauben, dass sie mehr verdient hätten als sie bekommen; Steuern, Soli und Sozialversicherungen gehen mächtig ins Geld: „Im Umgang mit der Gehaltsabrechnung kann man nicht früh genug Profi sein", geht es doch um den Inhalt des eigenen Portemonnaies.

Fit für die Personalbuchhaltung - Was man heute wissen muss, damit morgen jeder seinen „gerechten Lohn" pünktlich auf dem Konto hat:

- Welche Unterlagen werden zur Berechnung der Löhne und Gehälter benötigt?
- Singles, Doppelverdiener, allein verdienende Mütter oder Väter - ein Mehrklassensystem in den Augen des Finanzministers?
- Wie kommt man vom Brutto- zum Nettoentgelt bzw. zum Auszahlungsbetrag?
- Kann es denn stimmen, dass die Personalkosten noch höher sind als die Summe aller Bruttoentgelte?
- Kann man sich mit Sachbezügen (geldwerten Vorteilen) vor der Steuer drücken?

1. Nennen und erläutern Sie Beurteilungsmaßstäbe, die zur Ermittlung eines „gerechten Lohns" herangezogen werden können.
2. Überlegen Sie, welche Entlohnungs-/Entgeltformen für die unterschiedlichen Tätigkeiten in der Reifenhandlung in Frage kommen.
3. Beantworten Sie die oben gestellten Fragen: „Was man heute wissen muss, ..."
4. Erstellen Sie die Gehaltsabrechnung für die neue Mitarbeiterin, und nehmen Sie die erforderlichen Buchungen vor. Nutzen Sie dazu die Lohnsteuertabelle auf S. 62.

   Aus der Lohnbuchhaltung sind folgende Daten bekannt:

Name: Julia Klug, Assistentin der Geschäftsleitung in der Reifenhandlung Heinrich Felge Recklinghausen/NRW, Personal-Nr.: 1060658	
Lohn/Gehalt:	3 600,00 EUR
Steuerklasse:	Eins
Kinderfreibetrag:	0
Konfession:	römisch-katholisch
Geburtsdatum:	05.01.1986
vermögenswirksame Leistungen:	monatlich 40,00 EUR (davon 25,00 EUR Arbeitgeberanteil lt. Tarifvertrag)

Lernsituation 6

Beendigung von Arbeitsverhältnissen - oder: Was sich für die Unternehmung rechnet, kann für den einzelnen Mitarbeiter schmerzhaft sein.

Die Unternehmenspolitik der Reifenhandlung zielt darauf ab, sich auf einem Markt, der sehr stark zu Zusammenschlüssen zwischen einzelnen Unternehmen neigt, die wirtschaftliche und finanzielle Eigenständigkeit zu bewahren. Zwar muss das Unternehmen in erster Linie seine Absatzchancen langfristig sichern, zugleich ist aber auch eine Kostensenkung in allen Funktionsbereichen der Unternehmung anzustreben. Beide Maßnahmen sollen auch in Zukunft die Stellung des Unternehmens am Markt festigen und möglichst viele Arbeitsplätze sichern. Möglichst viele heißt jedoch nicht: alle.

Der Beschluss in der Reifenhandlung, den Einkauf zu zentralisieren, ging einher mit einer Investition im Computerbereich. Die neue Mitarbeiterin hat sich schnell eingearbeitet. Erste Erfolge zeigen sich. Es wird aber auch deutlich, dass ein Sachbearbeiter im Einkauf nicht mehr benötigt wird. Eine vergleichbare andere Stelle im Unternehmen kann nicht zur Verfügung gestellt werden. Die Geschäftsleitung beschließt daraufhin, einen Mitarbeiter zum nächstmöglichen Termin zu entlassen.

Herr Rundholz (Mitarbeiter im Einkauf und in der Filialbuchhaltung) war aufgrund eines Kreuzbandrisses, den er sich beim Training in der Hobbyfußballmannschaft zugezogen hat, 4 Wochen lang krank geschrieben. Gegen Ende seiner Arbeitsunfähigkeit geht ihm folgendes Kündigungsschreiben zu:

> Sehr geehrter Herr Rundholz,
>
> schon mehrfach haben wir darüber gesprochen, dass Ihr Fußballhobby eine äußerst verletzungsträchtige Angelegenheit ist. Sonst waren Sie immer nach wenigen Tagen wieder im Einsatz, aber jetzt fehlen Sie bereits seit 3 Wochen.
>
> Diese Wochen haben gezeigt, dass - wie wir bereits vermutet haben - der Einkauf seit der Zentralisierung überbesetzt ist. Frau Krebs bewältigt die anfallenden Arbeiten im Einkauf sehr gut alleine und Frau Oderbein erledigt neben dem Personalwesen zuverlässig die zentrale Buchhaltung.
>
> Im Interesse der Erhaltung der Wettbewerbsfähigkeit unseres Unternehmens dürfen wir natürlich keine überflüssigen Kostenpositionen verursachen. Deshalb kündigen wir Ihnen hiermit fristgerecht und bedanken uns für die vielen Jahre guter Zusammenarbeit.
>
> Mit freundlichen Grüßen,
>
> Heinrich Felge

1. Klären Sie, inwiefern diese Kündigung rechtswirksam ist. Bearbeiten Sie dazu folgende Teilaufgaben:

   (1) Prüfen Sie, welche Kündigungsgründe die Reifenhandlung Felge grundsätzlich geltend machen kann und auf welchen Grund bzw. auf welche Gründe sie sich im „Fall Rundholz" bezieht.

   (2) Klären Sie, welche Vorschriften zum Kündigungsschutz grundsätzlich zu beachten sind und inwieweit diese bei der vorliegenden Kündigung eingehalten werden.

   (3) Beraten Sie, welche Möglichkeiten Herr Rundholz hätte, gegen die Kündigung vorzugehen.

2. Beurteilen Sie das Kündigungsschreiben aus persönlicher Sicht: Halten Sie es für angemessen? Begründen Sie Ihre Kritik bzw. Ihre Zustimmung.

3. Begründen Sie, warum im vorliegenden Fall eine außerordentliche Kündigung nicht in Betracht kommt.

Die Sachdarstellung

1 Ziele und Aufgaben der Personalwirtschaft

Die **Personalwirtschaft** bezeichnet die betriebswirtschaftliche Funktion, die die Gesamtheit aller mitarbeiterbezogenen Gestaltungs- und Verwaltungsaufgaben umfasst.

Personalwirtschaft als betriebswirtschaftliche Funktion (wie Beschaffung, Leistungserstellung, Absatz, Finanzwirtschaft und Leitung) hat sich zunehmend zum gestaltenden, unternehmerisch agierenden Personalmanagement entwickelt. Ursachen für den Bedeutungswandel der Personalarbeit sind u. a. Veränderungen am Arbeitsmarkt und Entwicklungen des Arbeitsrechts, Wertewandel der Mitarbeiter und Selbstverständnis der Entscheidungsträger, technologische Veränderungen und Veränderungen der Arbeitsorganisation, Bedeutung der Personalkosten und Globalisierung der Märkte.

Gestaltungsentscheidungen im Rahmen der personalwirtschaftlichen Aufgaben (z. B. Entscheidung über Einstellung, Versetzung, Gehaltserhöhung, Fortbildung, Entlassung) sind grundsätzlich Aufgabe von Unternehmensleitung bzw. Führungskräften.

Mit **Personalwesen** wird die konkrete Umsetzung der personalwirtschaftlichen Aufgaben in der betrieblichen Organisation bezeichnet (z. B. in größeren Betrieben über eine Personalabteilung). Konkrete Aufgaben des betrieblichen Personalwesens ergeben sich aus der Bereitstellung, dem Einsatz und der Betreuung des Produktionsfaktors Arbeit bzw. der Mitarbeiter. Dieser besonderen Aufgabenstellung wird weder eine Eingliederung in den Beschaffungsbereich noch eine Zuordnung zum Verwaltungsbereich gerecht. Im Zusammenhang veränderter Rahmenbedingungen im wirtschafts-, sozial- und gesellschaftspolitischen Bereich hat sich das Personalwesen weitestgehend als eigener Entscheidungsbereich der Unternehmung etabliert.

Die **Personalverwaltung** übernimmt die rein verwaltenden Funktionen der Personalarbeit (z. B. Meldungen an die Krankenkasse, Abwicklung einer Versetzung, Erstellen einer Lohn-/Gehaltsabrechnung, Abrechnung einer Fortbildung, Ausfertigung eines Kündigungsschreibens).

Unter **Personalmanagement** versteht man die Wahrnehmung der personalwirtschaftlichen Aufgaben zur Verwirklichung der Unternehmensziele.

Personalwirtschaft als betriebliche Funktion
unter Berücksichtigung interner und externer Rahmenbedingungen

Gestaltung des Personalwesens durch Unternehmensleitung — **Personalmanagement** — Routinedurchführung durch Personalverwaltung

Verwirklichung vorgegebener Ziele
durch Wahrnehmung personalwirtschaftlicher Aufgaben

1.1 Ziele

Die Personalwirtschaft verfolgt das Ziel, die Leistung des Produktionsfaktors Arbeit so zu lenken, dass dieser dem Unternehmen möglichst optimal zur Verfügung steht. Das bedeutet, dass qualifizierte, leistungsfähige und motivierte Mitarbeiter in der benötigten Anzahl zum richtigen Zeitpunkt am richtigen Ort zur Verfügung stehen.

Die personalwirtschaftlichen Entscheidungen und Maßnahmen haben sich den Unternehmenszielen unterzuordnen - insbesondere den wirtschaftlichen und sozialen Zielen. Wirtschaftliche Ziele orientieren sich an ökonomischen Größen wie z. B. Kosten, Gewinn, Wettbewerbsfähigkeit, Wachstum. Soziale Ziele berücksichtigen vor allem die Interessen und Ansprüche der Arbeitnehmer. Beispiele sind Sicherung der Arbeitsplätze, menschenwürdige Arbeitsbedingungen, gerechte Entlohnung, Mitbestimmung. Wirtschaftliche und soziale Ziele stehen häufig im Gegensatz zueinander (Zielkonflikt) und müssen gegeneinander abgewogen werden. Sie müssen - auch in Abhängigkeit von äußeren Bedingungen (z. B. Konjunktur) - konkretisiert und immer wieder überprüft werden.

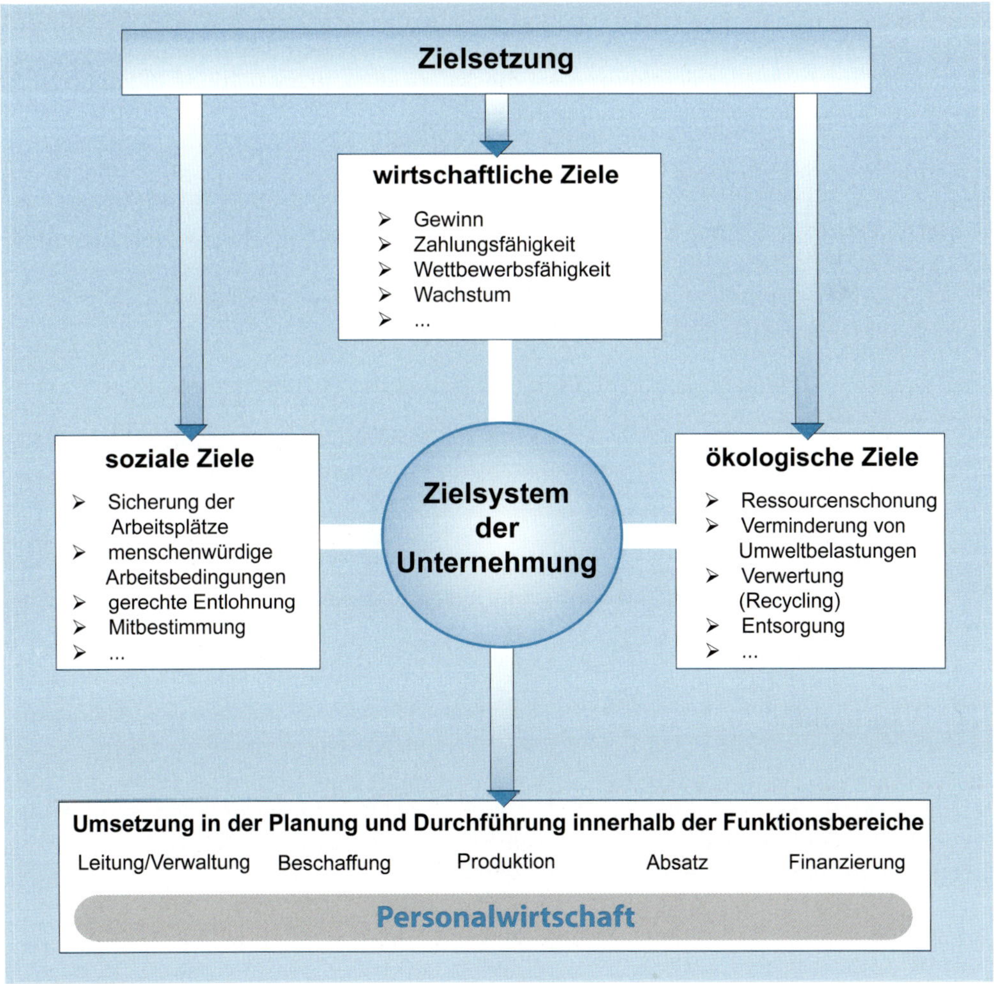

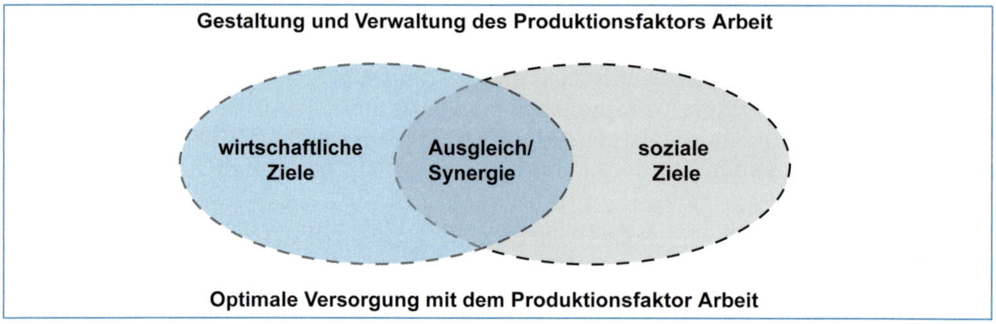

Beispiel:

Der Wunsch nach Gehaltserhöhung, verbessertem Kündigungsschutz, Reduzierung der Arbeitszeit bei vollem Lohnausgleich kann bei abflauender Konjunktur die Wirtschaftslage einer Unternehmung gefährden.

Betriebliche Personalarbeit ist so zu gestalten, dass die Zielsetzungen möglichst in Einklang gebracht werden; Gegensätze sind auszugleichen und Synergieeffekte zu nutzen. Dabei ist zu berücksichtigen, dass die Mitarbeiter in vielfältiger Beziehung zu ihrem Unternehmen stehen. Sie gelten als

- Produktionsfaktor und Leistungsträger
- Kostenfaktor (z. B. Lohnkosten und Lohnnebenkosten)
- Individuen mit eigenen Interessen und Motiven (z. B. Arbeitszeit, Sicherheit, Arbeitsplatzerhaltung, Selbstverwirklichung)
- Gestalter und Entscheidungsträger (z. B. Sachbearbeiter, leitende Angestellte, Führungskräfte)
- Gruppenmitglieder, u. U. mit Einbindung in Interessenvertretungen (z. B. Sozialpartner, Auszubildende)
- Rechtssubjekte (Träger von Rechten und Pflichten im Rahmen von z. B. Arbeitsverträgen, Mitwirkungs- und Mitbestimmungsrechten, Arbeitsschutz und Sozialgesetzgebung).

1.2 Aufgaben

Die vielfältigen Bezugspunkte der Personalwirtschaft bedingen eine Fülle von Einzelentscheidungen, die in der Regel aber nicht isoliert getroffen werden, sondern im Rahmen von Gestaltungskonzepten. Diese Konzepte berücksichtigen zunächst die so genannten **Rahmenaufgaben** der Personalwirtschaft.

- **Personalpolitik**: Festlegung von grundsätzlichen Leitlinien und Handlungsnormen im Zusammenhang mit dem Produktionsfaktor Arbeit, die sich auf nachgelagerte Entscheidungen im Personalbereich auswirken (z. B. Vorschlagswesen, Grundsätze wie „Aufstieg aus eigenen Reihen", „Frauenförderung" oder „Entlohnung nach Leistung")

- **Personalcontrolling**: Durchführung und Kontrolle umfassender Personalplanungen, Personalinformation und Personalsteuerung (z. B. Planungen im Personalbereich zur Erreichung wirtschaftlicher Ziele wie Senkung der Personalkosten, Kontrolle der Durchführung, Weitergabe von Ergebnissen, steuernde Eingriffe auf der Basis der Kontrollergebnisse)

- **Personalführung**: Durchsetzung von Zielen und grundlegenden Strategien des Unternehmens bei den Mitarbeitern mit Hilfe des Einsatzes von Führungsmitteln (z. B. Zielvereinbarungen, Information und Berichterstattung, Prinzipien der Kooperation und Delegation, Personalentwicklungsmaßnahmen) und Führungsstilen (z. B. kooperativer oder autoritärer Führungsstil)

- **Personalorganisation**: Organisation des Personalwesens, Erstellung von Organigrammen und Stellenplänen.

Als **Kernaufgaben** der Mitarbeiter im Personalwesen werden unterschieden und im Folgenden in eigenen Kapiteln ausführlicher dargestellt.

- **Personalplanung**: Personalbestands- und Personalbedarfsplanung, Personalentwicklungs- und Personalveränderungsplanung, Personaleinsatzplanung
- **Personalbeschaffung**: interne und externe Beschaffung, Auswahl und Vertragsgestaltung
- **Personaleinstellung**: rechtliche Grundlagen, Arbeitsvertrag
- **Personalentlohnung**: Lohnfindung, Abrechnung und Auszahlung von Löhnen und Gehältern
- **Personalfreistellung**: Arbeitszeugnis, Beendigung des Arbeitsverhältnisses.

2 Personalplanung

Die Personalplanung muss als Teil der Unternehmensplanung mit den Zielsetzungen aller anderen Funktionsbereiche in der Unternehmung abgestimmt sein. Insbesondere sind die Absatzplanung sowie die Investitions- und Finanzplanung zu berücksichtigen. Aufgabe der Personalplanung ist es, vorausschauend die optimale Versorgung mit Mitarbeitern in quantitativer und qualitativer Hinsicht sicherzustellen.

Unter Planungsgesichtspunkten kann man systematisch insbesondere unterscheiden:

- **Personalbestands- und Personalbedarfsplanung** als quantitative und qualitative Aussage über zukünftig zu realisierende Größen (Mitarbeiterzahl, Mitarbeiterqualifikationen, Art der Beschäftigungsverhältnisse - unter Berücksichtigung von Einsatzarten und Bedarfszeitpunkten)

- **Personalentwicklungs- und Personalveränderungsplanung** als
  - Bildungs- und Förderungsplanung (z. B. Fortbildungen, Laufbahnplanung)
  - Personalbeschaffungsplanung (quantitativ und qualitativ, intern oder extern)
  - Personalfreistellungs-/Personalfreisetzungsplanung (z. B. in Form von Arbeitszeitmodellen oder Kündigung)

- **Personaleinsatzplanung** (quantitativ, qualitativ, zeitlich, örtlich).

2.1 Personalbestands- und Personalbedarfsplanung

Aufgabe der Personalbestands- und Personalbedarfsplanung ist es, den zukünftigen Personalbedarf in quantitativer Hinsicht (Anzahl der benötigten Mitarbeiter) und qualitativer Hinsicht (erforderliche Fähigkeiten, Fertigkeiten und Kenntnisse) unter Berücksichtigung von Einsatzarten und Bedarfszeitpunkten zu ermitteln. Bezüglich der quantitativen Personalplanung kann Ersatzbedarf, Neubedarf bzw. Zusatzbedarf und gegebenenfalls Verminderung des Bestandes festgestellt werden. Die qualitative Personalplanung hat die Anforderungen an die jeweilige Tätigkeit zu berücksichtigen, die der Stellenbeschreibung zu entnehmen ist. Zu unterscheiden sind ungelernte, angelernte, gelernte sowie leitende Tätigkeiten auf unterschiedlichen Ebenen.

Grundlage für die Planungen sind die maßgeblichen Ziele der betrieblichen Gesamtplanung (z. B. Leistungsprogramm, Rationalisierung) sowie weitere personalwirtschaftliche Rahmenbedingungen (z. B. Wehrdienst, Elternzeiten). Entsprechend der jeweiligen Erfordernisse müssen Soll-Werte festgelegt und später dann den Ist-Werten gegenübergestellt werden. In der Regel ergibt sich aus der Gegenüberstellung eine Unter- bzw. Überdeckung.

2.1.1 Personalbestandsplanung

Die quantitative Personalbestandsplanung geht vom aktuellen Personalbestand aus und versucht, zukünftige Personalbestände zu bestimmen, indem voraussichtliche Zugänge und Abgänge im Sinne einer „Hochrechnung" berücksichtigt werden.

	Planungsschema für den voraussichtlichen Personalbestand
	gegenwärtiger Personalbestand
-	**voraussichtliche Abgänge** (z. B. durch Ruhestand, Kündigungen, Beförderungen, Einberufung zu Bundeswehr/Zivildienst, Fortbildung)
+	**voraussichtliche Zugänge** (z. B. durch Neueinstellung, Übernahme aus Ausbildungsverhältnissen, Beförderung, Rückkehr von Fortbildung oder Bundeswehr/Zivildienst)
=	**voraussichtlicher Personalbestand**

Abgänge und Zugänge sind zum Teil nur bedingt vom Unternehmen beeinflussbar (autonome Veränderungen):

- Autonome Abgänge sind z. B. Kündigung durch Arbeitnehmer, Mutterschutz und Inanspruchnahme von Elternzeit, Bundeswehr bzw. Zivildienst, Verrentung.

- Autonome Zugänge sind z. B. Rückkehr aus der Elternzeit oder von der Bundeswehr bzw. vom Zivildienst.

Abgänge und Zugänge können aber auch auf Initiativen des Unternehmens zurückgehen (initiierte Veränderungen):

- Initiierte Abgänge sind z. B. Kündigungen durch den Arbeitgeber.

- Initiierte Zugänge sind insbesondere Neueinstellungen, z. B. auch als Übernahme von Auszubildenden in ein Arbeitsverhältnis.

Die quantitative Personalbestandsplanung hat auch Planungen zur zeitlichen Gestaltung von Beschäftigungsverhältnissen zu berücksichtigen (z. B. Vollzeit, Teilzeit, geringfügige Beschäftigung, Job-sharing oder Leiharbeit) und ist durch eine qualitative Planung der Qualifikationsprofile von Mitarbeitern zu ergänzen.

2.1.2 Personalbedarfsplanung

Die Planung des Personalbestands ist Ausgangspunkt für die Planung des Personalbedarfs. Dabei ist die Planung des Personalbedarfs von vielfältigen Faktoren abhängig, die teilweise nicht im Einflussbereich der Unternehmung liegen. Bezogen auf die Personalbedarfsplanung sind interne (betriebliche) und externe (der Umwelt des Betriebes zuzuordnende) Einflussfaktoren zu beachten. Die folgende Grafik zeigt augewählte Fragestellungen, die die Planung des Personalbedarfs beeinflussen können.

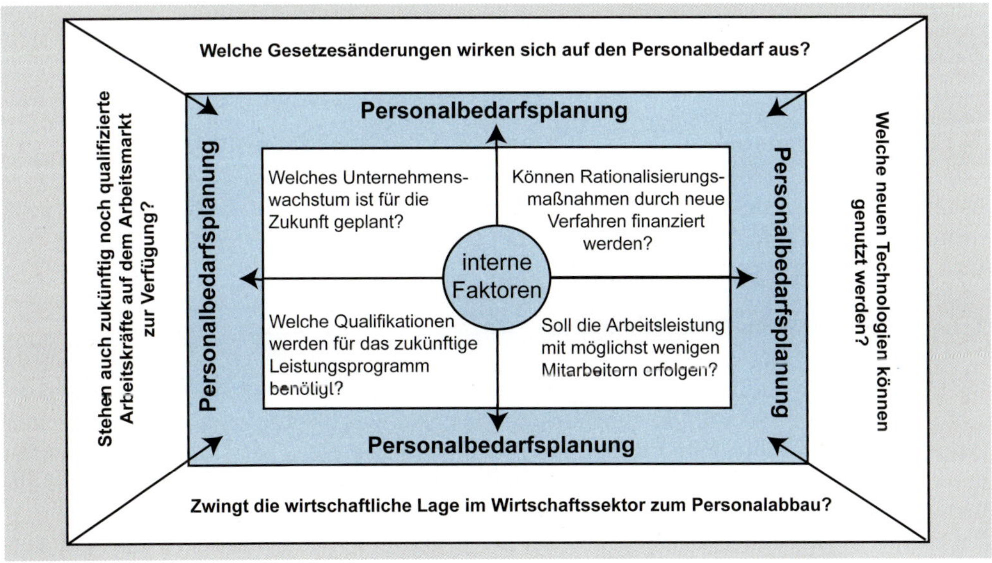

Im Rahmen der quantitativen Personalbedarfsplanung unterscheidet man zwei Methoden: Kennzahlmethode und Arbeitsplatz- oder Stellenplanmethode.

Kennzahlmethode

Diese Methode der Personalbedarfsrechnung richtet sich in der Regel nach dem Arbeitsanfall und stützt sich auf betriebliche Kennzahlen (z. B. Umsatz, Lohn- und Gehaltskosten, Zeitbedarf für bestimmte Tätigkeiten) als statistische Grundlage. Voraussetzung dieser Methode ist, dass zwischen Kennzahl und der gefragten Größe ein erkennbarer und überprüfbarer Zusammenhang besteht. Die Kennzahlmethode wird insbesondere angewandt, wenn bei schwankendem Arbeitsanfall (z. B. in der Produktion) unterschiedlich viele Arbeitskräfte benötigt werden. Der Personalbedarf kann bestimmt werden, indem vom (hochgerechneten) Soll-Bestand der Ist-Bestand abgezogen wird und unter Berücksichtigung von Zugängen und Abgängen eine Über- bzw. Unterdeckung festgestellt wird.

Beispiel:

Ein Büromöbelhersteller plant die Produktion von 600 Schreibtischen pro Monat. Pro Schreibtisch wird eine Produktionszeit von 5 Stunden benötigt. In der Abteilung arbeiten zur Zeit 17 Mitarbeiter mit einer durchschnittlichen Arbeitszeit von je 168 Stunden pro Monat. Für Ausfallzeiten durch z. B. Krankheit, Urlaub sowie technische Gründe wird mit einem Zuschlag von 15 % gerechnet. Zwei Mitarbeiter gehen aus Altersgründen in den Ruhestand, drei Auszubildende werden übernommen.

Berechnung:

Die Produktionszeit von insgesamt 3000 Stunden erfordert bei einer Arbeitszeit von 168 Stunden pro Monat und Arbeiter 17,86 Mitarbeiter. 15 % Reserve entsprechen 2,7 Mitarbeitern. Der Soll-Bestand beträgt somit 21 Mitarbeiter (gerundet).

Planungsschema für den Personalbedarf (Kennzahlmethode)		
	Soll-Bestand	21 Mitarbeiter
-	Ist-Bestand	17 Mitarbeiter
-	Zugänge	3 Mitarbeiter
+	Abgänge	2 Mitarbeiter
=	Über- bzw. **Unterdeckung**	3 Mitarbeiter

Es besteht also ein **Ersatzbedarf** für die beiden ausscheidenden Arbeitnehmer von zwei Mitarbeitern und ein **Neubedarf** von einem Mitarbeiter.

Arbeitsplatz- oder Stellenplanmethode

Die Arbeitsplatz- oder Stellenplanmethode wird angewandt, wenn die Stellenbesetzung weitgehend unabhängig von betrieblichen Kennzahlen erfolgt (z. B. in der Verwaltung), weil ein proportionaler Zusammenhang zwischen einer betrieblichen Kennziffer (z. B. Umsatz) und dem benötigten Personal nicht gegeben ist oder nur mit unverhältnismäßig hohem Aufwand ermittelt werden könnte. Die Personalbedarfsrechnung erfolgt dann mittels eines Stellenplans auf der Grundlage des betrieblichen Organisationsplans mit den verschiedenen Funktionsbereichen und Stellen. Stellenpläne haben in der Regel längerfristige Gültigkeit. Sie enthalten Angaben über die Bezeichnung der Stelle, die Vergütungsgruppe, den Soll-Bestand und Ist-Bestand. Daraus kann der Bedarf abgeleitet werden.

Stellenplan im Einkauf eines Großhandelsbetriebes für Bürobedarf				
Stellenbezeichnung	Vergütungs-gruppe	Soll-Bestand	Ist-Bestand	Differenz
Abteilungsleiter	13	1	1	-
Gruppenleiter (Büromöbel) Gruppenleiter (Bürotechnik)	11	2	2	-
Sachbearbeiter	9	4	2	2

Im Gegensatz zur Kennzahlmethode gelingt es mit diesem Verfahren z. B. über die Spalten Stellenbezeichung und Vergütungsgruppe, qualitative Aspekte der Personalbedarfsplanung mit in die Überlegungen einzubeziehen.

Durch Hinzufügen der Namen von Stelleninhabern bzw. der Kennzeichnung „unbesetzt" wird aus dem Stellenplan ein **Stellenbesetzungsplan**. Dieser kann als Organigramm oder in Tabellenform dargestellt werden.

Stellenbesetzungsplan im Einkauf des Großhandelsbetriebes				
Stellenbezeichnung	Vergütungs-gruppe	Soll-Bestand	Ist-Bestand	Stellen-inhaber
Abteilungsleiterin	13	1	1	Frau Schütz
Gruppenleiter (Büromöbel) Gruppenleiterin (Bürotechnik)	11	2	2	Herr Manns Frau Althaus
Sachbearbeiter/in	9	4	2	Herr Sauer Frau Knath unbesetzt unbesetzt

2.2 Personalentwicklungs- und Personalveränderungsplanung

Unternehmen sind zur Erreichung der wirtschaftlichen Ziele (z. B. Wettbewerbsfähigkeit, Wachstum) auf leistungsfähige Mitarbeiter angewiesen. Neue Herausforderungen, Entwicklungen auf dem Arbeitsmarkt, technologische Entwicklungen, Kunden- und Lieferantenbeziehungen erfordern häufig Fähigkeiten, die mit den gegenwärtigen Qualifikationen nicht mehr hinreichend bewältigt werden können.

Die Personalentwicklungsplanung hat die Aufgabe, die zukünftigen - häufig sich wandelnden - Anforderungen an den Produktionsfaktor Arbeit zu ermitteln und Maßnahmen zum Erhalt sowie zur Schaffung eines leistungsfähigen Mitarbeiterpotentials zu entfalten. Der Bedarf zur Personalentwicklung muss strategisch in Orientierung an den mittel- und langfristigen Unternehmenszielen und unter Berücksichtigung der individuellen Bedürfnisse, Ziele und Qualifikationen der Mitarbeiter geplant werden (z. B. berufliche Weiterentwicklung, Beförderung). Neben der Vermittlung von fachlichen, berufsspezifischen Qualifikationen gewinnt die Entwicklung von sozialen und personalen Kompetenzen eine immer größere Bedeutung. Dazu zählen z. B. die Fähigkeit zum kooperativen Handeln (z. B. Kommunikations- und Konfliktlösungsfähigkeit) und die personalen Kompetenzen (z. B. Leistungsbereitschaft, Führungskompetenz, Motivation). Ziel von Personalentwicklung ist also eine ausgeprägte berufliche Handlungskompetenz, die auch der Erfordernis des „lebenslangen Lernens" Rechnung tragen kann. Dabei gehen Unternehmen davon aus, dass ihre Mitarbeiter bei Eintritt in die Arbeitswelt bereits grundlegende Kompetenzen erworben haben.

Was die Wirtschaft von den Schulabgängern erwartet (IHK-Nordwestfalen)		
Fachliche Kompetenzen	Soziale Kompetenzen	Persönliche Kompetenzen
• Grundlegende Beherrschung der deutschen Sprache • Beherrschung einfacher Rechentechniken • Grundlegende naturwissenschaftliche Kenntnisse • Wirtschaftliche Grundkenntnisse • Grundkenntnisse in Englisch • Grundkenntnisse im IT-Bereich • Basiskenntnisse unserer Kultur	• Kooperationsbereitschaft und Teamfähigkeit • Höflichkeit und Freundlichkeit • Konfliktfähigkeit • Toleranz	• Zuverlässigkeit • Lern- und Leistungsbereitschaft • Ausdauer und Belastbarkeit • Sorgfalt und Gewissenhaftigkeit • Konzentrationsfähigkeit • Verantwortungsbereitschaft und Selbstständigkeit • Fähigkeit zu Kritik und Selbstkritik • Kreativität und Flexibilität

Die Maßnahmenplanung zur Qualifizierung von Mitarbeitern für gegenwärtige und zukünftige Aufgaben findet u. a. in folgenden Entwicklungsbereichen Anwendung:

- Maßnahmen der Bildung: Ausbildung, Fort- und Weiterbildung, Umschulung
- Maßnahmen der Förderung: Laufbahn- und Karriereplanung, Coaching
- Organisationsentwicklung: Teamentwicklung, Projektarbeit.

Wie oben erläutert, vollzieht sich Personalentwicklung im vernetzten Zusammenhang mit dem gesamten Zielsystem der Unternehmung. Einerseits sichern qualifizierte Mitarbeiter den Unternehmenserfolg, andererseits sind sie Kostenfaktor (z. B. auch bei Ausbildung und Weiterbildung). Eine gezielte Nutzung des Mitarbeiterpotenzials hat deshalb auch Überkapazitäten sowie betriebliche Engpässe in der Planung zu berücksichtigen: Man spricht dann von Maßnahmen im Rahmen von Personalveränderungsplanung (vgl. Kapitel 3 und Kapitel 6).

2.3 Personaleinsatzplanung

Die Personaleinsatzplanung hat die Aufgabe, die vorhandenen Mitarbeiter auf die verschiedenen Arbeitsplätze zu verteilen. Dabei gilt - im Unterschied zur Personalbedarfs- und Personalentwicklungsplanung - ein eher kurzfristiger Zeithorizont (z. B. täglich, wöchentlich, monatlich). Allerdings müssen auch längerfristige Perspektiven einbezogen werden (z. B. Jahresurlaub). Zu berücksichtigen sind dabei die quantitativen, qualitativen, zeitlichen und örtlichen Erfordernisse des Betriebes sowie unter Umständen die Interessen der Mitarbeiter.

Ziel der Personaleinsatzplanung ist eine wirtschaftliche Optimierung,

- die einerseits die geplante Leistungserstellung (z. B. Verkaufs- bzw. Auftragsplanung) durch geeigneten Personaleinsatz gewährleistet;
- die andererseits eine möglichst effiziente Auslastung der Mitarbeiter und Betriebsmittel sicherstellt (z. B. keine Unterauslastung und keine Überauslastung).

Die Personaleinsatzplanung setzt eine Einschätzung der Einsatzerfordernisse für den entsprechenden Zeitraum voraus. Diese Einschätzung wird sich an externen Kriterien orientieren wie z. B. erwartete Auftragslage, Umsätze und Kundenfrequenz. Intern sind u. a. Erfahrungswerte zum Krankenstand und die Urlaubsplanung zu berücksichtigen. Wochentag und Uhrzeit spielen bei der Planung des Personaleinsatzes häufig eine Rolle, z. B. wenn auf Schwankungen im Umsatz oder Berufsschultage bzw. -zeiten Rücksicht genommen werden muss.

In einem **Personaleinsatzplan** erfolgt eine namentliche Zuordnung von Mitarbeitern mit Zeitangaben. Dabei sind Pausenzeiten, planbare Abwesenheitszeiten (z. B. Berufsschulzeiten), rechtliche Regelungen (z. B. zu Überstunden und Freizeitausgleich) sowie gegebenenfalls Wünsche von Mitarbeitern (z. B. für Kinderbetreuung) zu berücksichtigen. Als Instrument zur Darstellung eines Personaleinsatzplans eignet sich z. B. ein Balkendiagramm.

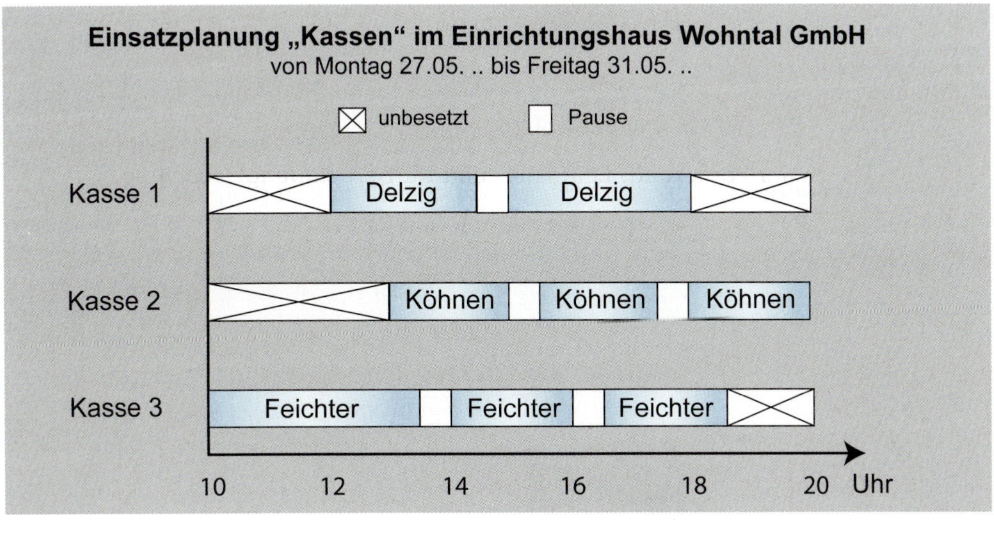

3 Personalbeschaffung

Aufgabe der Personalbeschaffung ist es, für die Bereitstellung der lt. Personalbedarfsplan erforderlichen Mitarbeiter zu sorgen. Dabei ist sicherzustellen, dass die geforderten Arbeitskräfte in qualitativer und quantitativer Hinsicht zum richtigen Zeitpunkt am richtigen Ort zur Verfügung stehen. Dies umfasst auch kurzfristige Maßnahmen wie Mehrarbeit, Urlaubsverschiebungen oder befristetes Personalleasing. Eine optimale Stellenbesetzung zur Deckung eines Ersatzbedarfs oder eines Neubedarfs hat sich an den gewünschten Qualifikationen zu orientieren; gleichwohl ist ein störungsfreier Betriebsablauf in den Blick zu nehmen. Die Anforderungen lassen sich der Stellenbeschreibung entnehmen. Sie informieren personenneutral über Arbeits- und Entscheidungsbereiche, Aufgaben und Ziele, Anforderungen an den Stelleninhaber, spezielle Tätigkeiten und Rangordnung in der Betriebshierarchie.

Muster einer Stellenbeschreibung	
Stellenbezeichnung	Leiterin/Leiter des Rechnungswesens
Stelleneinordnung	
• Unterstellung	Geschäftsleitung
• Überstellung	Sachbearbeiter
• Gleichstellung	Abteilungsleiter
Stellenvertretung	Geschäftsleitung
Stellenziele	Dokumentation aller relevanten Zahlen in der Unternehmung, Analyse und Controlling der Entwicklungen in den einzelnen Filialen und Abteilungen, Strategieplanung
Stellenaufgabe	Verantwortlich für die Rechnungslegung der Unternehmung (monatliche betriebswirtschaftliche Auswertungen, Controlling in allen Unternehmensbereichen, Erstellung des Jahresabschlusses)
Stellenbefugnisse	Teilnahme an regelmäßig tagenden Arbeitssitzungen der Geschäftsleitung mit den Filialleitern
Stellenverantwortung	Verantwortlich für die Rechnungslegung der Unternehmung und Beratung in allen Abteilungen zur Entwicklung optimaler Problemlösungen für das Rechnungswesen
Stellenanforderungen	
• Ausbildung	abgeschlossenes Studium der Wirtschaftswissenschaften (Schwerpunkt: Rechungslegung der Unternehmung)
• Erfahrung	einige Jahre Berufserfahrung auf dem Arbeitsgebiet
• Kenntnisse	Kenntnisse in der Informationsverarbeitung

Stellenbeschreibungen sind eine wichtige Grundlage für die Personalbeschaffung, darüber hinaus auch insbesondere für die Personalentwicklung und den Personaleinsatz. Vorteile ergeben sich für

- die **Unternehmung**: z. B. Hilfsmittel für Stellenbesetzung, Grundlage für tarifliche Einstufung und Leistungsbeurteilung, Einordnung in Betriebsorganisation
- den **Mitarbeiter**: z. B. klare Definition des Aufgaben- und Leistungsbereichs, genaue Kenntnis von Entscheidungsbefugnissen.

3.1 Personalbeschaffungswege

Zur Stellenbesetzung können interne und/oder externe Beschaffungswege gewählt werden. Mitarbeiter können also aus dem Unternehmen selbst oder von außen rekrutiert werden.

Personalbeschaffungswege

interne Personalbeschaffung

- Mehrarbeit, Arbeitszeitverlängerung
- Urlaubsverschiebung
- Personalentwicklung
- Versetzung
- innerbetriebliche Stellenausschreibung

externe Personalbeschaffung

- Agentur für Arbeit
- private Arbeitsvermittlung
- Personalberater
- Zeitpersonalvermittlung
- Stellengesuche auswerten
- Stellenanzeigen schalten

Das **Internet** hat sich mittlerweile zu einem bedeutenden Marktplatz für Stellensuchende und Stellenanbieter entwickelt. Eine Vielzahl von Stellenmärkten können in der Regel kostenlos genutzt werden (z. B. www.jobs.zeit.de). Im sogenannten E-Recruting werden offene Stellen auf der unternehmensinternen Homepage oder in innerbetrieblichen Stellenbörsen ausgeschrieben. Innerbetrieblich gewinnt das Intranet als Mitarbeiterportal eine immer größere Bedeutung.

3.1.1 Interne Personalbeschaffung

Interne Beschaffungswege können mit Personalbewegungen verbunden sein oder ohne Personalbewegungen stattfinden. Folgende Möglichkeiten werden genutzt:

- **Mehrarbeit/Überstunden**: Mit dieser Möglichkeit lässt sich nur kurzfristiger Spitzenbedarf abfangen. Rechtliche Vorschriften (z. B. Arbeitszeitgesetz) sind zu beachten.

- **Urlaubsverschiebung**: Ebenfalls nur kurzfristig kann mit dieser Maßnahme erhöhter Personalbedarf ausgeglichen werden. Im Rahmen der gesetzlichen Bestimmungen muss der Urlaub gewährt werden.

- **Personalentwicklung**: Hier steht der qualitative Aspekt der Personalbeschaffung z. B. als Anpassungs- und Aufstiegsfortbildung deutlich im Vordergrund (vgl. Kap. 2.2).

- **Versetzung**: Z. B. bei betrieblichen Umstellungen wie Erweiterungen oder Rationalisierungen können Versetzungen vorgenommen werden. Bei der Erweiterung gewährleistet die Übernahme von Auszubildenden, dass nicht doch letztlich eine Stelle extern besetzt werden muss.

- **innerbetriebliche Stellenausschreibung**: Im Rahmen der internen Personalbeschaffung wird eine innerbetriebliche Stellenausschreibung durch geeignete Maßnahmen (z. B. Aushang am schwarzen Brett, Ankündigung im Intranet, Hausmitteilungen) bekannt gemacht. Sie enthält Angaben u. a. über die Tätigkeit einschließlich der Anforderungen an den Bewerber, über Position und Eingruppierung/Vergütung und vorgesehenen Einsatzort. Jeder interessierte Mitarbeiter, der über die gewünschten Voraussetzungen verfügt, kann sich auf die ausgeschriebene Stelle bewerben. Ist die Bewerbung erfolgreich, führt dies in der Regel zu versetzungsbedingten Personalbewegungen.

Der Betriebsrat kann grundsätzlich eine innerbetriebliche Stellenausschreibung verlangen; ausgenommen hiervon sind Stellen leitender Mitarbeiter. Sind gleichzeitig externe Bewerber vorhanden, so sind bei gleicher Qualifikation die internen Bewerber vorzuziehen (§ 93 BetrVG).

Bei der Nutzung interner Beschaffungswege sind Vor- und Nachteile gegeneinander abzuwägen:

Vorteile	Nachteile
➢ Motivation und stärkere Bindung an das Unternehmen durch Aufstiegsmöglichkeit ➢ Betriebskenntnis mit kurzen Einarbeitungszeiten ➢ Kenntnis von Fähigkeiten des Mitarbeiters ➢ kostengünstige und rasche Besetzung ➢ freie Stellen für nachrückende Mitarbeiter	➢ begrenzte Auswahlmöglichkeit ➢ wegen Betriebsblindheit keine Innovationen ➢ häufig keine Lösung des quantitativen Bedarfs; lediglich Verlagerung ➢ Enttäuschung bei abgelehnten Mitarbeitern ➢ Rivalität ➢ ggf. Autoritätsdefizit

3.1.2 Externe Personalbeschaffung

Die externe Personalbeschaffung kann durch Einschaltung Dritter oder durch aktive Werbung des Unternehmens erfolgen. Folgende Wege können unter Berücksichtigung der Bedeutung der zu besetzenden Stelle und der Situation auf dem Arbeitsmarkt gewählt werden.

- **Agentur für Arbeit**: Registrierung aller Personen, die sich arbeitslos melden und eine neue Stelle suchen; Nutzung des Arbeitgeber-Informations-Service (AIS)

- **Private Arbeitsvermittlung**: Zeitersparnis durch Übernahme der Beschaffungsaktivitäten vom Suchprozess über Stellenanzeigen bis hin zu den Einstellungsgesprächen

- **Personalberater**: Beratung des Unternehmens bei der Suche meist nach Führungskräften und Spezialisten; Auswahl durch geschulte - auch psychologisch ausgebildete - Experten mit spezifischen Arbeitsmarktkenntnissen; Verbesserung der Personalentscheidungen; vergleichsweise hohe Kosten.

- **Zeitpersonalvermittlung/Personalleasing**: Vermittlung und Überlassung von Arbeitskräften auf Zeit (sog. Leiharbeiter) durch Agenturen mit einer Genehmigung im Rahmen des Arbeitnehmerüberlassungsgesetzes

- **Stellengesuche von potenziellen Bewerbern**: Auswertung von regionalen und überregionalen Zeitungen sowie von Fachzeitschriften; besonders leichte Identifizierung geeigneter Berwerber durch elektronische Medien mit ausgefeilten Suchfunktionen

- **Stellenanzeige**: Veröffentlichung des Stellenangebots in Printmedien und elektronischen Medien (z. B. regionale Tages- und Wochenzeitungen, Fachzeitschriften; Rundfunk, Fernsehen und Internet).

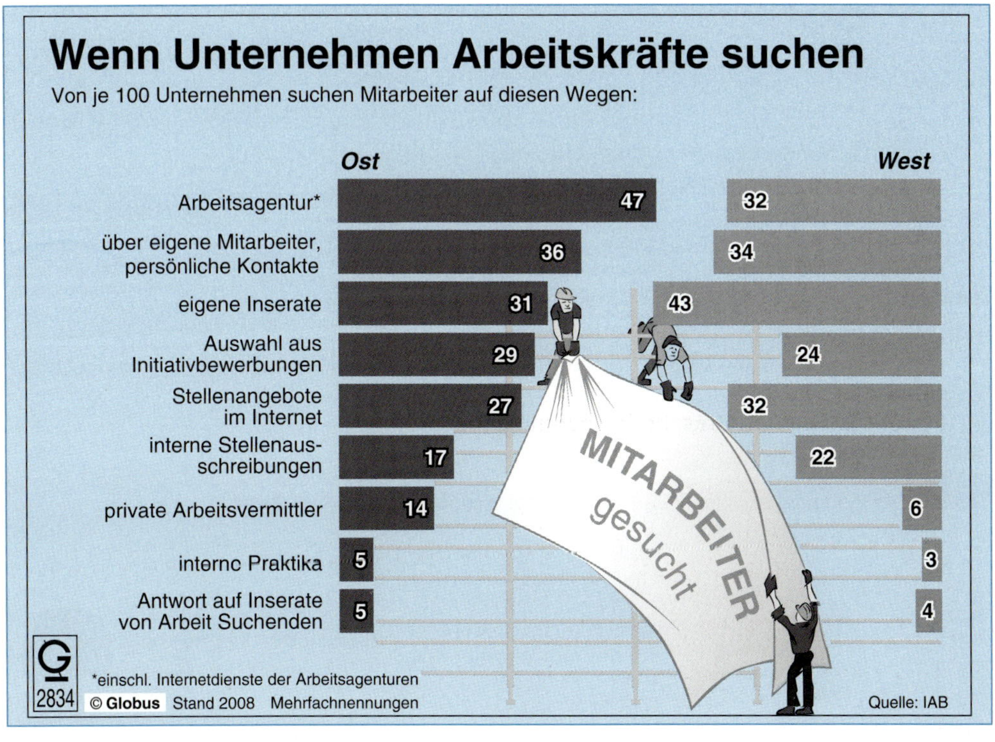

Auch bei der Nutzung externer Beschaffungswege sind Vor- und Nachteile gegeneinander abzuwägen:

Vorteile	Nachteile
➢ breite Auswahlmöglichkeit aus vielen Bewerbern ➢ neue Ideen, Impulse; Innovationen ➢ ggf. Einbringung eigener Kontakte zu möglichen Geschäftspartnern ➢ Vereinbarung einer Probezeit üblich ➢ ggf. größere Akzeptanz/Anerkennung als interne Bewerber	➢ zeitaufwändiges Verfahren ➢ hohe Beschaffungskosten ➢ Gefahr der Fehlbesetzung ➢ Demotivation bei Interessenten aus dem eigenen Haus ➢ ggf. erhöhte Fluktuation ➢ hohe Einarbeitungszeit ➢ ggf. höhere Gehaltsansprüche

3.2 Stellenanzeige

Die Stellenanzeige hat eine große Bedeutung bei der Suche nach geeigneten Mitarbeitern. Sie ist der am häufigsten genutzte Weg im Rahmen der externen Personalbeschaffung mit der größten Aussicht auf Erfolg. Dabei sind insbesondere Entscheidungen zu treffen hinsichtlich

- des richtigen Mediums (z. B. Tageszeitung, Fachzeitschrift; regional, überregional)
- des richtigen Zeitpunkts (z. B. 2 - 3 Monate vor Einstellungstermin)
- der Zielgruppe (z. B. Mitarbeiter für einfache Tätigkeiten, spezialisierte Fachkräfte, Führungskräfte)
- der Kosten (z. B. Größe und Platzierung einer Anzeige)
- der ansprechenden Gestaltung (z. B. klare Gliederung; Herausstellung des Unternehmens, der zu besetzenden Stelle, der Zukunftsperspektiven).

Wir expandieren weiter!

Die Heinrich Felge Reifenhandlung eröffnet demnächst eine weitere Filiale in Castrop-Rauxel. Zur Verstärkung unseres Teams suchen wir einen Mitarbeiter/eine Mitarbeiterin für die

Debitorenbuchhaltung.

Neben einer Berufsausbildung zur/zum Bürokauffrau/-mann oder Steuerfachangestellten haben Sie mehrjährige Berufserfahrung im Handel gesammelt. Sie beherrschen gängige PC-Anwendungen, von Vorteil wäre AS 400/PPS.

Neben einer leistungsgerechten Vergütung erwartet Sie ein moderner Arbeitsplatz.

Ihre Bewerbung richten Sie bitte an
Frau Oderbein (Personalabteilung).

HF REIFENHANDLUNG

Heinrich Felge * Reifenhandlung
Im Kuniberg 79
45665 Recklinghausen
02361/95840

HF REIFENHANDLUNG

Die inhaltliche Gestaltung kann sich an folgender Checkliste orientieren:

Checkliste für Stellenanzeige	
Wir sind ...	Firmenprofil: z. B. Firma, Branche, Unternehmensgröße, Standort, Produkte, Marktstellung, Betriebsklima, Führungsstil ...
Wir suchen ...	Bezeichnung der ausgeschriebenen Stelle und Einsatzbereich: z. B. Sachbearbeiter, Produktionsleiter, Abteilungsleiter; Aufgabenbereich, Einsatzort ...
Wir erwarten ...	Anforderungsmerkmale: z. B. Ausbildung, Abschlüsse, Berufserfahrung; fachliche Kenntnisse, persönliche Eigenschaften ...
Wir bieten ...	betriebliche Leistungen: z. B. tarifliche Einstufung, Möglichkeiten der Weiterbildung, Sozialleistungen ...
Wir bitten ...	Hinweise zur Bewerbung: z. B. Bewerbungsschreiben, Lebenslauf, Referenzen; Anschrift, Ansprechpartner ...

Da jede Stellenanzeige zugleich Werbeträger für das ausschreibende Unternehmen ist und die Aufmerksamkeit potenzieller Bewerber wecken soll, sind u. a. folgende Gestaltungshinweise zu berücksichtigen: Großzügigkeit bzw. Übersichtlichkeit, Textblöcke zur besseren Lesbarkeit, nicht zu kleine Schrift, keine Textüberladung, keine „Trauerränder", ggf. Abbildungen, Firmenlogo (möglichst auffällig platziert).

3.3 Bewerbung

Bewerbungen erfolgen i. d. R ausführlich in schriftlicher Form aufgrund einer Aufforderung in einer Stellenanzeige. Ein Bewerber kann sich auch unaufgefordert mit einer Anfrage nach zu besetzenden Stellen an ein Unternehmen wenden (sog. „Blindbewerbung"). Signalisiert das Unternehmen Interesse, wird eine ausführliche Bewerbung folgen.

Die Bewerbungsunterlagen haben großen Einfluss auf die Vorauswahl. Ziel ist es, dem Stellenanbieter mit den Unterlagen ein aussagefähiges Eignungsprofil des Bewerbers mit seinen individuellen Qualifikationen und Interessen zu vermitteln. Zunächst ist die äußere Form der Bewerbungsunterlagen entscheidend. Eine ansprechende Bewerbungsmappe mit sauberen, ordentlichen, qualitativ hochwertigen, fehlerfreien und vollständigen Dokumenten ist Voraussetzung für die weitere Prüfung mit der Chance, zu einem Vorstellungsgespräch eingeladen zu werden. Bei Onlinebewerbungen sind alle Dokumente in ein PDF-Format zu packen, das genau zu bezeichnen ist. So präsentieren sich Bewerber optimal und machen den Personalverantwortlichen möglichst wenig Arbeit.

Das Allgemeine Gleichbehandlungsgesetz (AGG) aus dem Jahre 2006 schreibt vor dass niemand z. B. wegen seines Alters, seiner ethnischen Herkunft, seiner Religion, seines Geschlechts oder seiner Behinderung benachteiligt werden darf. Für Bewerbungen bedeutet dies, dass umfangreiche Angaben zur eigenen Person sowie ein Bewerberfoto nicht erforderlich sind. Obwohl viele Unternehmen ihre Anforderungen an Bewerbungsunterlagen angepasst haben, haben sich in der Praxis die sogenannten **anonymisierten Lebensläufe** noch nicht durchgesetzt.

In eine ausführliche Bewerbung gehören:

- Anschreiben/Bewerbungsschreiben
- gegebenenfalls Deckblatt (mit Lichtbild)
- Lebenslauf (mit Lichtbild)
- Zeugnisse
- Referenzen
- gegebenenfalls Arbeitsproben

Für die Gestaltung der Unterlagen sind u. a. folgende Tipps zu beachten:

Anschreiben/Bewerbungsschreiben

Das Anschreiben ist das wichtigste Element der Bewerbung, sozusagen der „Türöffner", die „Visitenkarte" für den ersten Eindruck. Es ist lose auf die Bewerbungsmappe zu legen. Es dient dazu, bei dem Stellenanbieter Interesse für ein weiteres Kennenlernen zu wecken. Das Anschreiben soll deutlich machen, aus welchem Grund die Bewerbung auf diese bestimmte Stelle erfolgt, warum Unternehmen und Bewerber zueinander passen. Insbesondere ist es auch Ziel, mit der Herausstellung von Qualifikationen die besondere Eignung des Bewerbers zu vermitteln. Auf eigene Stärken kann hingewiesen werden, Übertreibungen und Überheblichkeit sind aber zu vermeiden.

Deckblatt

Die Bewerbungsmappe kann als erste Seite ein gut gestaltetes Deckblatt enthalten, auf dem das Lichtbild wirksam platziert wird. Üblicherweise werden auf dem Deckblatt folgende Informationen erfasst:

- Vorname und Nachname
- Adresse
- Telefon, Telefax, E-Mail
- Lichtbild (qualitativ hochwertig, kein Automatenfoto, der Stelle entsprechende Kleidung)
- Überschrift (z. B. Bewerbung als Assistent der Geschäftsleitung)
- gegebenenfalls Inhaltsverzeichnis für die folgenden Dokumente.

Lebenslauf

Der Lebenslauf gibt Auskunft über die persönliche und berufliche Entwicklung des Bewerbers und lässt Rückschlüsse auf Interessen und Durchhaltevermögen zu. In der Regel wird ein tabellarischer Lebenslauf verlangt, der übersichtlich und leicht lesbar ist. Enthalten die Bewerbungsunterlagen kein Deckblatt, so gehören das Lichtbild sowie persönliche Namens- und Adressangaben zum Lebenslauf. Dieser wird üblicherweise am PC verfasst, gelegentlich auch in handgeschriebener Form erwartet. Er sollte lückenlos und chronologisch verfasst sein. Konkrete Angaben über Eltern, Kinder, Ehepartner, Parteizugehörigkeit etc. sind in der Regel nicht verlangt. Persönliches ist nur dann aufzunehmen, wenn es einen Bezug zur Stelle hat. Der Lebenslauf sollte mit Angabe der jeweiligen Zeiträume folgende Informationen enthalten:

- persönliche Daten (Vor- und Zuname, Geburtsdatum und -ort, Familienstand, Staatsangehörigkeit)
- Berufspraxis mit Tätigkeiten (Arbeitsverhältnisse, Aufgabengebiete, Verantwortlichkeiten)
- ggf. Studium (Studiengang, Hochschule, Abschluss)
- Berufsausbildung (Art der Berufsausbildung, Ausbildungsbetrieb, Berufsabschluss)
- Schulbildung (Schulen, Schulabschlüsse)
- Fort- und Weiterbildung (berufliche und außerberufliche Fortbildung)
- Sonstiges (z. B. besondere Kenntnisse: Sprachen, EDV, Auslandsaufenthalte, Interessen)
- Ort, Datum, Unterschrift

Beispiel: Lebenslauf

Lebenslauf		
persönliche Angaben	Name: geboren: Staatsangehörigkeit: Familienstand:	**Frauke Michaelsen** 23.11.1967, Norderstedt deutsch verheiratet, keine Kinder
Berufserfahrung	2003 - 2011	Frigo, Kühlgeräte GmbH, Essen Gruppenleiterin Controlling
	1998 - 2003	Drupa GmbH, Siegen Assistentin der Geschäftsleitung Aufbau eines EDV-gestützten Kostenrechnungssystems
Studium	1993 - 1998	Westfälische Wilhelms-Universität Münster Diplombetriebswirtin Schwerpunkt: Rechnungswesen, Rechnungslegung der Unternehmung
Ausbildung	1991 - 1993	GEROX GmbH Im- und Exporte, Neuss Großhandelskauffrau (Außenhandel)
Schulbildung	1988 - 1991	Wirtschaftsgymnasium an der Walter-Eucken-Kollegschule, Düsseldorf Abschluss: Allgemeine Hochschulreife
	1983 - 1988	Heinrich Heine Gymnasium, Düsseldorf
	1979 - 1983	Grundschule Norderstedt
Weiterbildung/ Sonstiges	♦ Kommunikation für Führungskräfte ♦ Warenwirtschaftssystem im Großhandel unter SAP ♦ verhandlungssicheres Englisch in Wort und Schrift	
Essen, 13.04.20..	*Unterschrift*	

Zeugnisse

Zeugnisse dokumentieren den schulischen und beruflichen Werdegang. Es sollten jedoch nur Zeugnisse ausgewählt werden, die für die ausgeschriebene Stelle relevant sind. Schulzeugnisse lassen Begabungen und Interessen erkennen und stehen bei Berufseinsteigern im Vordergrund. Einfache Arbeitszeugnisse informieren über die bisherige berufliche Tätigkeit hinsichtlich der Art und Dauer. Qualifizierte Zeugnisse beinhalten darüber hinaus eine Leistungsbeurteilung.

Beispiel: Zeugnis (Auszug)

> ... Frau Michaelsen war in der Zeit vom 01.08.2003 - 31.07.2008 in unserem Unternehmen beschäftigt.
>
> In dieser Zeit unterstützte sie die Geschäftsleitung bei der Einführung und Betreuung eines EDV-gestützten Kostenrechnungssystems. Mit ihrer ausgezeichneten Fachkomptenz, einer weit überdurchschnittlichen Teamfähigkeit und ihrer ausgeprägten Kommunikationsfähigkeit hat Frau Michaelsen wesentlich zum Gelingen des Projekts beigetragen.
>
> Sie hat ihre Aufgaben stets zu unserer vollsten Zufriedenheit erfüllt. Frau Michaelsen verlässt das Unternehmen auf eigenen Wunsch. Wir bedauern das Ausscheiden von Frau Michaelsen sehr und wünschen ihr für den weiteren Berufsweg alles Gute. ...

Referenzen

Referenzen sind Empfehlungen von Auskunftspersonen, die in der Regel vom Bewerber angegeben werden. Die Aussagekraft solcher Empfehlungen ist umstritten, da es sich häufig um subjektive Gefälligkeitsauskünfte handelt, die wenig über die fachlichen Qualifikationen aussagen. Referenzen sollten deshalb nur in besonderen Fällen angeboten werden, z. B. wenn anerkannte Persönlichkeiten eine fundierte Auskunft für Führungskräfte abgeben.

Arbeitsproben

Bei bestimmten Berufsgruppen können Arbeitsproben geeignet sein, eine Bewertung der Qualifikationen des Bewerbers vorzunehmen, z. B. Publikationslisten, Fachartikel, journalistische Beiträge, Werbetexte, Grafiken. Gefordert werden diese vor allen Dingen in kreativen und wissenschaftlichen Berufen.

3.4 Personalauswahl

Der Prozess der Personalauswahl hat das Ziel, den Bewerber herauszufinden, der für die zu besetzende Stelle am besten geeignet ist. Sie ist mit großer Sorgfalt durchzuführen, um Fehlbesetzungen mit möglichen hohen Folgekosten zu vermeiden.

Liegen dem Unternehmen mehrere Bewerbungen vor, so wird zunächst eine grobe Vorauswahl anhand der Bewerbungsunterlagen vorgenommen. Mängel im äußeren Erscheinungsbild und in der Vollständigkeit der Unterlagen führen häufig schon zur Aussortierung und zu einer Absage (Keine zweite Chance für den ersten Eindruck!). Die verbleibenden Bewerbungen werden einer weiteren Analyse hinsichtlich des persönlichen und beruflichen Hintergrunds unterzogen. Bewertungskriterien, die differenzierte Hinweise auf den Bewerber liefern, sind z. B.:

- Anschreiben (Schreibstil, Rechtschreibung, Bewerbungsmotive, erforderliche Qualifikationen)
- Lebenslauf (Berufserfahrung, Karrieresprünge, Lücken)
- Zeugnisse (bisherige Tätigkeiten, Fähigkeiten).

Für die Auswertung kann ein Bewertungsbogen hilfreich sein. Aufgrund der Beurteilung können die Bewerber in drei Gruppen (auch A-, B- und C-Auswahl genannt) eingeteilt werden.

- Ungeeignete Bewerber (C-Auswahl): Diese erhalten mit einer Absage ihre Bewerbungsunterlagen zurück.
- Eingeschränkt geeignete Bewerber (B-Auswahl): Sie entsprechenden den Anforderungen nicht vollständig bzw. es fehlen noch Unterlagen. Ihnen geht ein Zwischenbescheid zu, gegebenenfalls die Aufforderung, weitere Unterlagen einzureichen.
- Eindeutig geeignete Bewerber (A-Auswahl): Sie kommen in die engere Bewerberauswahl.

Für die engere Bewerberauswahl stehen folgende Instrumente zur Verfügung: Personalfragebogen, Vorstellungsgespräch, Eignungstest, Assessment-Center und sonstige Instrumente wie z. B. Arbeitsproben, graphologische Gutachten, Führungszeugnisse, ärztliche Befunde.

Personalfragebogen

Im Rahmen des Auswahlverfahrens wird den Bewerbern, die geeignet und interessant erscheinen, häufig ein Personalfragebogen übersandt. Er soll die Auswahl erleichtern und Hinweise für ein Auswahlgespräch geben. In diesem Fragebogen werden die persönlichen und beruflichen Daten des Bewerbers festgehalten. Diese sind zwar im Wesentlichen schon aus den Bewerbungsunterlagen bekannt, werden nun aber systematisch in übersichtlicher und zusammenhängender Form formularmäßig erfasst. Personalfragebögen bedürfen nach Betriebsverfassungsgesetz (§ 94 BetrVG) der Zustimmung des Betriebsrates. Die Bestimmungen zum Datenschutz und zur Datensicherheit sind zu beachten. Zulässige Fragen beziehen sich z. B. auf:

- persönliche Angaben: Name, Anschrift, Geburtsdatum, Staatsangehörigkeit, Wehr- oder Zivildienst, Familienstand, Beruf und Arbeitgeber des Ehegatten, Kinder, Bankverbindung, Krankenversicherung, Rentenversicherung, Schwerbehinderung, bestehende Lohn- bzw. Gehaltspfändungen u. a. m.

- schulischer und beruflicher Werdegang: z. B. Schulzeugnisse, schulische Abschlüsse, Hochschulstudium bzw. Fachhochschulstudium, erlernter Beruf, Berufsabschluss, Tätigkeiten, Funktionen und Aufgabenbereiche, Fort- und Weiterbildung, Qualifikationen

- sonstige Qualifikationen: Sprachen, Textverarbeitung, EDV, Führerschein etc.

- allgemeine Angaben/Bemerkungen: z. B. gewünschter Eintrittstermin, Gehaltsvorstellungen, Referenzen.

Vorstellungsgespräch

Mit dem Vorstellungsgespräch wird das Ziel verfolgt, in einem persönlichen Gespräch Entscheidungssicherheit zu erlangen, welcher Bewerber zu der Stelle und zu dem Unternehmen passt und ob das Unternehmen für den Bewerber tatsächlich interessant ist. Das Unternehmen kann den Kandidaten persönlich kennen lernen, seine Interessen und Wünsche erkennen und einschätzen, ob er den Anforderungen entspricht. Der Bewerber informiert sich über das Unternehmen, seinen zukünftigen Arbeitsplatz und das soziale Umfeld.

Das Vorstellungsgespräch wird in der Regel als Dialog geführt unter der Leitung eines Unternehmensvertreters (z. B. Personalleiter), gelegentlich auch als Einzel- oder Gruppeninterview. Es erfordert eine gewissenhafte und individuelle Vorbereitung von den Gesprächsteilnehmern. Seitens der Unternehmung ist festzulegen, wer an dem Gespräch teilnimmt und wie der Gesprächsablauf erfolgen soll. Eine genaue Kenntnis der Bewerbungsunterlagen und der Stellenanforderung sowie eine freundliche und störungsfreie Atmosphäre sind die Grundlage für ein erfolgreiches Gespräch.

Zu beachten ist, dass Fragen zu persönlichen Belangen nur gestellt werden dürfen, wenn sie bei objektiver Würdigung für die Tätigkeit relevant sind. Das Arbeitsrecht nennt zulässige Fragen, die von den Bewerbern wahr und vollständig beantwortet werden müssen, und unzulässige Fragen, deren falsche Beantwortung keine nachteiligen Folgen (z. B. fristlose Kündigung) haben darf. Grundsätzlich unzulässig sind alle Fragen zu Themen, die nicht in enger Beziehung zu der zukünftigen Tätigkeit stehen, z. B.:

in der Regel für die Tätigkeit nicht bedeutsame Themen	Ausnahmen
• Gewerkschaftszugehörigkeit, Partei- oder Religionszugehörigkeit	• Bewerbung bei Gewerkschaften, Parteien, Kirchen
• Schwangerschaft	• Tätigkeit darf aus gesundheitlichen Gründen nicht ausgeübt werden.
• persönliche Vermögensverhältnisse	• Tätigkeit erfordert ein besonderes Vertrauensverhältnis.
• Vorstrafen	• enger Bezug zur Tätigkeit (z. B. Führerscheinentzug bei Auslieferungsfahrer)
• frühere Pfändungen	• gegenwärtige Pfändungen

Bewerber sollten für eine positive Selbstdarstellung sorgen, indem sie sich über die Unternehmung umfangreich informieren (z. B. Größe, Angebotspalette, Marktstellung) und auf kritische Fragen zu den Bewerbungsunterlagen vorbereitet sind. Auftreten, Gepflegtheit, Kleiderwahl, Umgangsformen, Sprache, Körperhaltung, Blickkontakt etc. sind wesentliche Aspekte für die Entscheidung, ob ein Kandidat von der Persönlichkeit her in das Unternehmen passt.

Die Qualität von Bewerberfragen gibt den Unternehmensvertretern Hinweise auf Interesse und Motivation des Bewerbers und damit auf die Ernsthaftigkeit seiner Bewerbung. Eine Checkliste wichtiger Fragen kann u. a. folgende Punkte aufnehmen:

- Anforderungen an das künftige Tätigkeitsfeld, Einarbeitungszeit
- aktuelle Stellenbeschreibung, Einbindung in die Gesamtorganisation
- Führungs- und Unternehmensgrundsätze bzw. -leitbilder, Beurteilungssysteme
- Entwicklungsmöglichkeiten, Gehalt ...

Allgemein kann sich ein Vorstellungsgespräch an folgendem Leitfaden orientieren:

Ablauf eines Vorstellungsgesprächs

- ✓ **Begrüßung und Einleitung des Gesprächs / „Warming-up“**
  Vorstellung der Gesprächspartner, Dank für Bewerbung, Hinweis auf Vertraulichkeit ...

- ✓ **Fragen zur Person**
  Herkunft, Wohnort, familiäre und soziale Verhältnisse ...

- ✓ **Fragen zum Lebenslauf/„Curriculum vitae“**
  schulischer Werdegang, beruflicher Werdegang, Praktika, Studium mit Studienschwerpunkten, Weiterbildung ...

- ✓ **Fragen zur beruflichen Tätigkeit und zu Qualifikationen**
  Erfahrungen aus bisherigen Tätigkeiten, berufliche Stärken, fachliche Qualifikationen, fachliche Interessenschwerpunkte, berufliche Pläne, Gründe für Stellenwechsel ...

- ✓ **Darstellung des Unternehmens**
  Branche, Größe, Mitarbeiter, Organisation des Unternehmens, Abteilung, Arbeitsplatz-/ Stellenbeschreibung ...

- ✓ **Diskussion der Vertragsbedingungen**
  Einkommen, Nebenleistungen, Nebentätigkeiten ...

- ✓ **Verabschiedung**
  Vereinbarung der weiteren Vorgehensweise, Hinweis auf Erstattung der Auslagen, Dank ...

Nach dem Vorstellungsgespräch schließt sich eine Auswertung an, die mit Hilfe eines vorbereiteten Bewertungsbogens durchgeführt werden kann. Danach wird die Entscheidung getroffen und der Bewerber im Interesse aller Beteiligten unverzüglich darüber informiert.

Beipiel: Bewertungsbogen

Bewertungsbogen für Bewerbungsgespräche				
Bewerbungsgespräch vom Stelle Name Alter Geschlecht				
Bewerbungsunterlagen	**1**	**2**	**3**	**Bemerkungen**
Bewerbungsschreiben				
Lebenslauf				
Schulzeugnisse				
Arbeitszeugnisse				
Lichtbild				
...				
Berufliche Tätigkeit und Qualifikation	**1**	**2**	**3**	**Bemerkungen**
Aubildung				
Berufserfahrung				
Fachkenntnisse				
...				
Persönliche und soziale Kompetenzen	**1**	**2**	**3**	**Bemerkungen**
Verhalten im Gespräch				
Auftreten				
Urteilsfähigkeit				
Teamfähigkeit				
unternehmerisches Denken				
...				
Gesamturteil				
Eignung Vereinbarungen Eintrittstermin Gehalt ...				

Eignungstest

Eignungstests werden eingesetzt, um ergänzende Informationen über die fachliche, persönliche und intellektuelle Eignung von Bewerbern zu erhalten. Sie entstammen häufig der wissenschaftlich-psychologisch orientierten Diagnostik oder werden von den Unternehmen selbst entwickelt. Ihr Einsatz erfordert psychologisch geschulte Fachleute und ist nur mit Zustimmung des Bewerbers zulässig. Typische Eignungstests im Rahmen der Personalauswahl sind **Persönlichkeitstests, Leistungstests** und **Intelligenztests**.

- Persönlichkeitstests sollen Aufschluss geben über z. B. Interessen, Neigungen, Vorlieben, Charaktereigenschaften, Verhaltensweisen, Überzeugungen und Wertvorstellungen, Stärken und Schwächen.

- Leistungstests werden in unterschiedlicher Ausprägung eingesetzt. Allgemeine Leistungstests erfassen generelle Leistungsmerkmale, die Bestandteil jeder Leistung sind, wie z. B. Belastbarkeit, Konzentrationsfähigkeit, Ausdauer. Fachliche Leistungstests ermitteln die fachliche Eignung, die für eine bestimmte Tätigkeit erforderlich ist, wie z. B. technisches Verständnis, motorische Fertigkeiten, Sprachkenntnisse.

- Intelligenztests dienen der Untersuchung des intellektuellen Leistungsvermögens des Bewerbers. Intelligenz wird in diesem Zusammenhang häufig verstanden als Denkfähigkeit, d. h. mit Hilfe seines Denkens Probleme selbstständig zu lösen und zu bewerten. Konkret messen Intelligenztests überwiegend Fähigkeiten wie sprachliches Verständnis, logisches Denken, Kombinationsfähigkeit, räumliches Vorstellungsvermögen, Rechtschreibkenntnisse, Rechenkenntnisse u. a. m.

Leistungs- und Intelligenztests werden gemeinsam auch als **Fähigkeitstests** bezeichnet.

Assessment-Center

Als Auswahlverfahren - insbesondere bei Führungs- und Führungsnachwuchskräften - wird häufig ein Assessment-Center (engl.: psychologisches Testverfahren; Einstufungstest) genutzt. In diesem ein- oder mehrtätigen Verfahren stehen nicht die fachlichen Qualifikationen im Vordergrund, sondern es geht darum, die Persönlichkeitsmerkmale der Bewerber möglichst umfassend festzustellen.

Die Teilnehmer müssen einzeln oder gemeinsam eine Reihe von praxisbezogenen Aufgaben lösen und Übungen durchführen, die Fähigkeiten und Verhaltensweisen erfordern, und so Aufschluss z. B. über die Leistungsfähigkeit und über soziale Kompetenzen geben. Dazu zählen so genannte Schlüsselqualifikationen wie Organisationstalent, Entscheidungs- und Analysefähigkeit, Auffassungsgabe, Ausdauer, Belastbarkeit, Motivation, Einfühlungsvermögen, Kooperationsbereitschaft, Diskussionsfähigkeit, Führungsverhalten, unternehmerisches Denken u. a. m. Dabei werden die Teilnehmer von geschulten Beobachtern (Mitarbeiter der Unternehmung und/oder externe unparteiische Psychologen) beurteilt. In die Bewertung fließen auch allgemeines Auftreten, Kleidung und Körpersprache ein.

Es stehen eine Vielzahl von Aufgaben und Übungen zur Verfügung, deren Auswahl sich an den Anforderungen der zu besetzenden Stelle sowie der Unternehmenskultur orientieren wird. Zu den typischen Übungen eines Assessment-Centers gehören:

- Postkorb
- Präsentation oder Kurzvortrag (im Plenum zu einem bestimmten Thema)
- Gruppenarbeit (Bearbeitung einer vorgegebenen Aufgabenstellung; Fallstudie)

- Gruppendiskussion (mit Vorgabe zum Thema, zur Rolle)
- Rollenspiel (z. B. Mitarbeitergespräch)
- Einzel- oder Gruppeninterviews (Bewerber werden nach einem einheitlichen Schema befragt; im Nachhinein ist ein Bewerbervergleich möglich)
- gesellige Runde (gemeinsames Essengehen; Erzählen und Zuhören).

Postkorb-Übung

Der Postkorb ist eine klassische Übung im Assessment-Center. Die Teilnehmer erhalten die Aufgabe, in knapper Zeit einen Postkorb einer Führungskraft mit Briefen, Mitteilungen, Faxen, Aktennotizen etc. zu bearbeiten und Entscheidungen zu treffen:

- Was ist wirklich wichtig?
- Was muss sofort erledigt werden und was kann warten?
- Was kann delegiert werden (an wen und bis wann erledigt)?
- Was muss unbedingt selbst bearbeitet werden?
- Welche Termine sind einzuhalten?

Mit dem Postkorb sollen z. B. folgende Fähigkeiten beurteilt werden:

- Auffassungsgabe
- analytisches Denken
- emotionale Stärke; Stressresistenz
- Entscheidungsfähigkeit
- Planung und Organisation.

Beispiel für eine Situationsbeschreibung

Sie sind Leiter des Einkaufs in der Wohntal GmbH, Einrichtungszentrum für moderne Wohnmöbel und größtes Büromöbelzentrum der Region. Sie sind verheiratet und haben zwei schulpflichtige Kinder. Aufgrund von mehrtägigen Außenterminen kommt das Familienleben oft zu kurz. Von Montag bis Mittwoch waren Sie auf der Bürotec, der internationalen Ausstellung für Bürodesign. Bereits am Freitag werden Sie eine unaufschiebbare Geschäftsreise zu einem Hersteller ins benachbarte Ausland antreten.

Es ist Donnerstag morgen. Sie erscheinen im Büro, um die Post der vergangenen Tage zu erledigen und Anordnungen für Ihre weitere Abwesenheit zu treffen. Der Postkorb ist ungewöhnlich voll. Sie haben für die Bearbeitung und Ihre Entscheidungen ca. 120 Minuten Zeit eingeplant.

weiteres Szenario während der Bearbeitung:

10 Minuten später klingelt das Telefon. Der Unternehmenschef möchte mit Ihnen noch Zielvorstellungen für den geplanten Besuch bei dem ausländischen Hersteller besprechen. Die Unterredung mit dem Chef reduziert die Bearbeitungszeit auf 90 Minuten.

Im Postkorb befindet sich eine Information, die Sie zur Klassenkonferenz Ihres jüngsten Sohnes einlädt und die Bearbeitungszeit auf 30 Minuten reduzieren würde...

4 Personaleinstellung

Ist die Entscheidung für einen Bewerber gefallen und soll ein Arbeitsverhältnis begründet werden, so sind für Arbeitgeber und Arbeitnehmer eine Reihe arbeitsrechtlicher, betriebsverfassungsrechtlicher und tarifrechtlicher Vorschriften zu beachten. Dazu zählen z. B. Arbeitsschutzgesetz, Arbeitszeitgesetz, Betriebsverfassungsgesetz, Kündigungsschutzgesetz, Mutterschutzgesetz, Jugendarbeitsschutzgesetz, Lohn- und Gehaltstarifvertrag, Mantel- oder Rahmentarifvertrag.

4.1 Rechtliche Grundlagen des Arbeitsverhältnisses

Bei der Gestaltung von Arbeitsverträgen sind insbesondere wesentliche Regelungen von Tarifverträgen und Betriebsvereinbarungen zu beachten sowie die Mitwirkungs- und Mitbestimmungsrechte einzelner Arbeitnehmer und des Betriebsrates.

4.1.1 Tarifverträge

Tarifverträge werden typischerweise von den Tarifvertragsparteien in eigener Verantwortung (Tarifautonomie) abgeschlossen. Die Tarifparteien sind auf der Seite der Arbeitgeber die **Arbeitgebervereinigungen/Arbeitgeberverbände** bzw. deren Spitzenvertreter und auf der Arbeitnehmerseite die **Gewerkschaften**. In Ausnahmefällen können auch einzelne Arbeitgeber Vertragspartei sein.

Ein Tarifvertrag regelt die Rechte und Pflichten der Tarifvertragsparteien: z. B. Art und Höhe der Entlohnung, Arbeitszeiten, Dauer des Jahresurlaubs, sonstige soziale Leistungen wie Urlaubsgeld. Von den Tarifbestimmungen darf nur zu Gunsten der Arbeitnehmer abgewichen werden (Günstigkeitsprinzip). An die Regelungen von Tarifverträgen sind grundsätzlich nur die Mitglieder der Vertragsparteien gebunden. Häufig orientieren sich jedoch nicht-tarifgebundene Unternehmen an den einschlägigen Tarifverträgen. Die Anwendung von tarifvertraglichen Regelungen kann auch einzelvertraglich zwischen Arbeitgeber und Arbeitnehmer vereinbart werden. Auf Antrag einer der Tarifvertragsparteien können bestimmte Tarifverträge vom Bundesministerium für Arbeit und Soziales oder vom jeweiligen Landesarbeitsministerium für allgemein verbindlich erklärt werden. Mit der Allgemeinverbindlichkeitserklärung werden auch die nicht tarifgebundenen Arbeitgeber und Arbeitnehmer an die jeweiligen Rechtsnormen gebunden.

Im Hinblick auf die in Tarifverträgen geregelten Inhalte unterscheidet man insbesondere **Manteltarifverträge** (Rahmentarifverträge) und **Entgelttarifverträge** sowie sonstige Tarifverträge (z. B. über Vermögenswirksame Leistungen; nach dem Geltungsbereich auch Verbands- bzw. Flächen- und Firmentarifverträge).

Im Tarifrecht wurde traditionell zwischen Arbeitern (Lohntarifverträge für Arbeiter) und Angestellten (Gehaltstarifverträge für Angestellte) unterschieden. Diese Unterscheidung wird mittlerweile in immer mehr Tarifbereichen aufgehoben und durch einheitliche Entgelttarife ersetzt.

Tarifverträge	Regelungen (Beispiele)
Manteltarifvertrag regelt die grundsätzlichen Arbeitsbedingungen. Er wird in der Regel für eine längere Dauer abgeschlossen (z. B. drei Jahre).	• Arbeitszeit • Zuschläge für Mehrarbeit • Urlaub • Probezeit und Kündigungsfristen
Entgelttarifverträge werden unterschieden in Lohn- und Gehaltstarifverträge mit häufig jährlichen Laufzeiten und in Lohn- und Gehaltsrahmentarifverträge mit etwa drei Jahren Laufzeit.	**Lohn- und Gehaltstarifvertrag** • Löhne, Gehälter • Urlaubsgeld • Sonderzahlungen **Lohn- und Gehaltsrahmentarifvertrag** • Einordnung von Tätigkeiten in Lohnarten und Lohngruppen

4.1.2 Betriebsvereinbarungen

Die Betriebsvereinbarung nach § 77 BetrVG ist ein Vertrag zwischen Arbeitgeber und Betriebsrat mit der Festlegung von verbindlichen Normen für betriebsinterne Regelungen. Sie ist gemeinsam zu beschließen, schriftlich niederzulegen und von beiden Seiten zu unterzeichnen. Die Betriebsvereinbarung muss an geeigneter Stelle im Betrieb ausliegen, damit sich alle Arbeitnehmer über die vertraglichen Vereinbarungen informieren können. Betriebsvereinbarungen sollen Tarifvereinbarungen den Verhältnissen des Betriebes anpassen.

Hinsichtlich der Inhalte muss zwischen **erzwingbaren** und **freiwilligen** Betriebsvereinbarungen unterschieden werden.

In Angelegenheiten, in denen Betriebsräte ein Mitbestimmungsrecht haben, sind Vereinbarungen erzwingbar. Den Kernbereich dieser erzwingbaren Regelungen bilden die Mitbestimmung in sozialen Fragen (§ 87 BetrVG) und die wirtschaftlichen Mitbestimmungsrechte (§ 112 a BetrVG). Erzielen Arbeitgeber und Arbeitnehmer in strittigen Fällen keine Einigung, so können beide Seiten eine Einigungsstelle anrufen.

Erzwingbare Betriebsvereinbarungen können z. B. sein:

- Ordnung des Betriebes und Verhalten der Arbeitnehmer
- Beginn und Ende der täglichen Arbeitszeit einschließlich der Pausen
- Verteilung der Arbeitszeit auf die einzelnen Wochentage
- Fragen der betrieblichen Lohngestaltung
- Grundsätze für das betriebliche Vorschlagswesen
- Sozialplan bei Betriebsänderungen und Personalabbau.

Freiwillige Vereinbarungen können sich grundsätzlich auf jeden Sachverhalt (z. B. Verhütung von Arbeitsunfällen und Gesundheitsschädigungen) beziehen. Es ist jedoch zu beachten, dass Angelegenheiten, für die gesetzliche oder tarifliche Regelungen bestehen, nicht Gegenstand von Betriebsvereinbarungen sein können; es sei denn, der Tarifvertrag lässt ausdrücklich ergänzende Vereinbarungen zu.

4.1.3 Mitwirkungs- und Mitbestimmungsrechte

Arbeitnehmer

Durch das Betriebsverfassungsgesetz (BetrVG) werden die Mitwirkungs- und Mitbestimmungsrechte des einzelnen Arbeitnehmers und des Betriebsrates geregelt. Der einzelne Arbeitnehmer hat in Angelegenheiten, die ihn unmittelbar selbst oder seinen Arbeitsplatz betreffen, insbesondere folgende Rechte (§§ 81 ff. BetrVG):

- **Unterrichtung** über und **Erörterung** von Aufgaben und Verantwortung, Art der Tätigkeit und Einordnung in Arbeitsabläufe sowie über Unfall- und Gesundheitsgefahren
- **Anhörung** von und **Erörterung** mit zuständigen Personen in betrieblichen ihn betreffenden Angelegenheiten
- **Vorschläge** für die Gestaltung des Arbeitsplatzes und des Arbeitsablaufs
- **Einsicht** in die Personalakte
- **Beschwerderecht** bei Benachteiligungen, ungerechter Behandlung oder sonstiger Beeinträchtigung.

Betriebsrat

In Unternehmen mit mindestens fünf ständigen wahlberechtigten Arbeitnehmern kann ein Betriebsrat für eine Dauer von jeweils vier Jahren gewählt werden. Wahlberechtigt sind mit Ausnahme der leitenden Angestellten alle Arbeitnehmer ab 18 Jahren.

Arbeitnehmer im Sinne des Betriebsverfassungsgesetzes sind Arbeiter und Angestellte einschließlich der zu ihrer Berufsausbildung Beschäftigten. Dazu zählen auch Mitarbeiter im Außendienst sowie Heimarbeiter, soweit sie in der Hauptsache für den Betrieb arbeiten. Nicht zu den Arbeitnehmern im Sinne des Betriebsverfassungsgesetzes zählen leitende Angestellte, die im Gesetz definiert sind (§ 5 BetrVG).

Zahl (nach der Größe des Betriebes) und Zusammensetzung (z. B. nach unterschiedlichen Beschäftigungsarten und nach Geschlecht) des Betriebsrates ist im Betriebsverfassungsgesetz geregelt. Besteht der Betriebsrat aus mehr als acht Mitgliedern, bildet er einen Betriebsausschuss, der die laufenden Geschäfte führt.

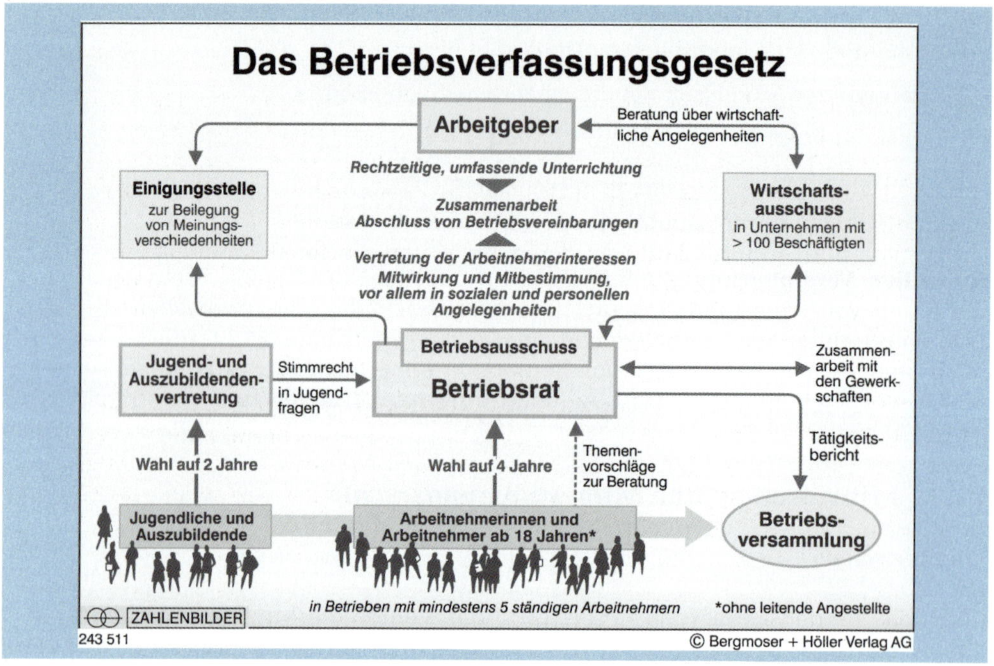

Besteht ein Betriebsrat und sind mindestens fünf Auszubildende oder jugendliche Arbeitnehmer beschäftigt, kann eine Jugend- und Auszubildendenvertretung gewählt werden. Diese ist kein selbstständiges Organ, sondern dem Betriebsrat nachgeordnet.

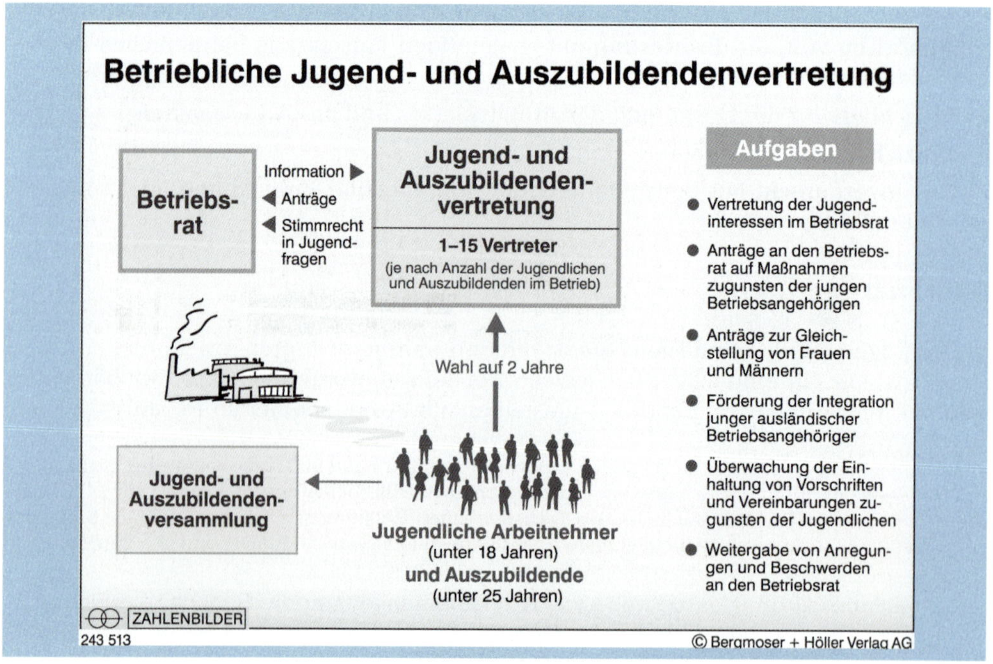

Der Betriebsrat vertritt die Interessen der Arbeitnehmer gegenüber dem Arbeitgeber in wirtschaftlichen, personellen und sozialen Angelegenheiten. Nach Betriebsverfassungsgesetz (§§ 87 ff. BetrVG) nimmt er konkrete **Mitwirkungs-** und **Mitbestimmungsrechte** wahr.

Mitwirkung bedeutet, dass der Betriebsrat bei bestimmten betrieblichen Entscheidungsprozessen angehört wird und eine Mitsprache hat. Eine rechtsgültige Entscheidung kann der Arbeitgeber aber auch ohne Zustimmung des Betriebsrates durchsetzen. Mitwirkung umfasst insbesondere **Informations- und Beratungsrechte in wirtschaftlichen** und **personellen Angelegenheiten**: z. B. bei Arbeitsschutz, Gestaltung von Arbeitsplatz und Arbeitsablauf und deren Änderung, Personalplanung (insbesondere gegenwärtiger und zukünftiger Personalbedarf) mit sich ergebenden personellen Maßnahmen, Bauplanung, Förderung der Berufsausbildung.

Mitbestimmung bedeutet, dass der Arbeitgeber betriebliche Entscheidungen nicht wirksam ohne Zustimmung des Betriebsrates treffen kann. Nach Betriebsverfassungsgesetz hat der Betriebsrat insbesondere **in sozialen Angelegenheiten** mitzubestimmen (vgl. erzwingbare Betriebsvereinbarungen). Personalfragebogen, die Aufstellung allgemeiner Beurteilungsgrundsätze sowie Richtlinien über die personelle Auswahl bei Einstellungen, Versetzungen, Umgruppierungen und Kündigungen bedürfen grundsätzlich der Zustimmung des Betriebsrats.

Bei personellen Einzelmaßnahmen wie Einstellung, Eingruppierung, Umgruppierung und Versetzung ist der Betriebsrat grundsätzlich zu unterrichten und seine Zustimmung ist einzuholen (Ausnahme nach § 105 BGB: Einstellungen von leitenden Angestellten sind dem Betriebsrat nur mitzuteilen). Diese kann nur in bestimmten Fällen verweigert werden (z. B. Verstoß gegen eine Bestimmung des Tarifvertrags oder die Auswahlrichtlinien u. a. nach §§ 99 BetrVG).

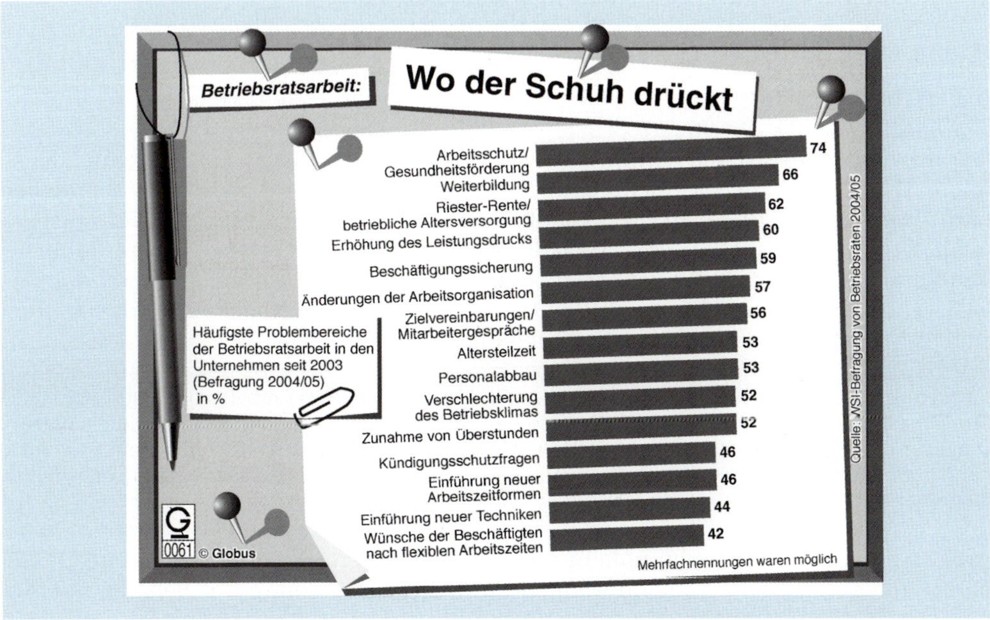

Im Falle von **Betriebsänderungen**, die häufig mit wesentlichen Nachteilen für die Mitarbeiter sowie mit Entlassungen (ggf. sogar Massenentlassungen) verbunden sind, ist der Betriebsrat rechtzeitig und umfassend zu informieren und die Unternehmung hat anschließend mit ihm zu beraten (§ 111 BGB). Als Betriebsänderung gelten:

- die Einschränkung oder Stilllegung des ganzen Betriebs oder von wesentlichen Betriebsteilen
- die Verlegung des ganzen Betriebs oder von wesentlichen Betriebsteilen
- der Zusammenschluss mit anderen Betrieben oder die Spaltung von Betrieben
- grundlegende Änderungen der Betriebsorganisation, des Betriebszwecks oder der Betriebsanlagen
- die Einführung grundlegend neuer Arbeitsmethoden und Fertigungsverfahren.

Zur Milderung wirtschaftlicher Nachteile ist zwischen Arbeitgeber und Arbeitnehmer ein Interessenausgleich mit Sozialplan zu vereinbaren.

In einem **Sozialplan** können z. B. folgende Punkte geregelt werden:

- Abfindungszahlungen (z. B. besondere Regelungen für Schwerbehinderte, ältere Arbeitnehmer)
- Sicherung der Anwartschaften für die betriebliche Altersversorgung
- Übernahme erforderlicher Kosten der Umschulung/Fortbildung
- Regelungen zu Resturlaub und Urlaubsgeld
- Ausgleichszahlungen für Verdienstminderungen infolge von Versetzung
- Übernahme zusätzlicher Fahrtkosten zur Arbeit
- Übernahme von Bewerbungskosten; bezahlte Freistellung zur Bewerbung
- Regelungen über den Ausgleich von besonderen Härten.

4.2 Arbeitsvertrag

Der Arbeitsvertrag als eine Form des Dienstvertrages (entgeltliche Leistung von Diensten, § 611 BGB) ist die rechtliche Grundlage für die Beziehung zwischen Arbeitgeber und Arbeitnehmer. Er regelt die wesentlichen Rechte und Pflichten der Vertragsparteien. Der Abschluss ist grundsätzlich formfrei, es sei denn, Gesetze, tarifvertragliche Regelungen oder Betriebsvereinbarungen sehen Schriftform vor. Auch wegen der Beweissicherheit ist Schriftform, insbesondere bei individuellen Regelungen, die über tarifliche Vorgaben hinausgehen, zu empfehlen.

Im 1995 eingeführten Nachweisgesetz (§ 2 NachwG) ist geregelt, dass der Arbeitgeber spätestens einen Monat nach Beginn des Arbeitsverhältnisses die wesentlichen Vertragsbedingungen schriftlich niederzulegen und dem Arbeitnehmer die Niederschrift auszuhändigen hat. Diese Verpflichtung trifft auch auf Änderungen wesentlicher Vertragsbedingungen zu. Hat der Arbeitgeber dies versäumt, obliegt ihm die Beweislast für arbeitsvertragliche Vereinbarungen.

Arbeitsverhältnisse beginnen üblicherweise mit einer Probezeit. Die zulässige Dauer einer Probezeit muss die Anforderungen an die Tätigkeit sowie die Belange des Arbeitnehmers angemessen berücksichtigen. In der Regel wird eine Probezeit zwischen drei und sechs Monaten vereinbart. Im Rahmen einer Berufsausbildung darf die Dauer vier Monate nicht überschreiten.

Probezeitregelung für Auszubildende ab April 2005 nach § 20 BBiG:

„Das Berufsausbildungsverhältnis beginnt mit der Probezeit. Sie muss mindestens einen Monat und darf höchstens vier Monate betragen."

Ein **Einzelarbeitsvertrag** sollte folgende typische Inhalte erfassen:

- Namen und Anschriften der Vertragsparteien
- Beginn des Arbeitsverhältnisses (bei befristeten Arbeitsverhältnissen: Dauer des Arbeitsverhältnisses)
- Tätigkeit: kurze Charakterisierung oder Beschreibung
- Arbeitsentgelt: Zusammensetzung und Höhe einschließlich der Zuschläge, der Zulagen, Prämien und Sonderzahlungen sowie anderer Bestandteile des Arbeitsentgelts und deren Fälligkeit
- sonstige Leistungen: z. B. betriebliche Altersversorgung, Versicherungen, Dienstwagen
- Arbeitszeit: täglich, wöchentlich oder monatlich, Regelungen bei Mehrarbeit
- Urlaub: Dauer des jährlichen Erholungsurlaubs (Mindesturlaub nach Bundesurlaubsgesetz und tarifvertragliche Regelungen sind zu beachten.)
- Arbeitsverhinderung: Leistungen des Arbeitsgebers im Krankheitsfall; Informationspflichten des Arbeitnehmers
- Kündigung: Vereinbarung von Kündigungsfristen unter Wahrung der gesetzlichen Mindestfristen und tarifvertraglichen Vereinbarungen
- Nebenbeschäftigung: Untersagung von Nebentätigkeiten, gegebenenfalls Informationspflicht des Arbeitnehmers
- Wettbewerbsverbot: Vereinbarung einer „Konkurrenzklausel" (nach Beendigung des Arbeitsverhältnisses keine zeitnahe Aufnahme einer Tätigkeit bei einem Konkurrenten)
- allgemeine Hinweise: z. B. Anwendung von Tarifvertrag, Betriebs- und Dienstvereinbarungen, Gerichtsstand, Erfordernis der Schriftform bei Vertragsänderungen
- Unterschriften: beide Vertragsparteien mit Datum

Es können unterschiedliche Arten von Arbeitsverträgen vereinbart werden:

- Ein **befristeter Arbeitsvertrag** wird für eine bestimmte Zeit abgeschlossen. Die Befristung muss sachlich begründet sein (z. B. Aushilfe, Zweck der Erprobung). Das Arbeitsverhältnis endet ohne Kündigung mit Ablauf der Frist, sofern es nicht ausdrücklich verlängert wird. Durch Abschluss eines endgültigen Arbeitsvertrages entsteht ein unbefristetes Arbeitsverhältnis. Für befristete Arbeitsverträge ist Schriftform vorgeschrieben.

- Ein **unbefristeter Arbeitsvertrag** begründet ein Arbeitsverhältnis, das in der Regel mit einer Probezeit beginnt und nach deren Ablauf „automatisch" in ein unbefristetes Arbeitsverhältnis übergeht. Das Arbeitsverhältnis kann durch eine ordentliche oder außerordentliche Kündigung bzw. durch einen Aufhebungsvertrag beendet werden.

Muster für einen unbefristeten Arbeitsvertrag

Zwischen ....(im Nachstehenden „Arbeitgeber" genannt)
und
Frau/Herrn ....(im Nachstehenden „Arbeitnehmer" genannt) wird folgendes vereinbart:

§ 1 Beginn des Anstellungsverhältnisses/der Tätigkeit
Der Arbeitnehmer wird mit Wirkung vom ... als ... eingestellt. Er ist verpflichtet auch andere seinen Fähigkeiten entsprechende und gleichbezahlte Arbeiten zu verrichten. Die ersten ... Monate des Anstellungsverhältnisses gelten als Probezeit.

§ 2 Vergütung
Die monatliche Bruttovergütung beträgt Euro ... Die Vergütung wird jeweils am Ende eines Monats gezahlt. Die Zahlung von etwaigen Sondervergütungen (Gratifikationen, Urlaubsgeld, Prämien etc.) erfolgt in jedem Einzelfall freiwillig und ohne Begründung eines Rechtsanspruchs für die Zukunft.

§ 3 Arbeitszeit/Überstunden
Die regelmäßige Arbeitszeit beträgt wöchentlich ... Stunden ohne die Berücksichtigung von Pausen. Der Arbeitnehmer ist verpflichtet, aus dringendem betrieblichen Anlass Überstunden zu leisten.

§ 4 Urlaub
Der Arbeitnehmer hat Anspruch auf bezahlten Erholungsurlaub von ... Arbeitstagen im Kalenderjahr. Die Festlegung des Urlaubs ist mit dem Arbeitgeber abzustimmen.

§ 5 Arbeitsverhinderung
Der Arbeitnehmer ist verpflichtet, dem Arbeitgeber die Arbeitsverhinderung und deren voraussichtliche Dauer unverzüglich mitzuteilen. Bei Arbeitsunfähigkeit infolge Erkrankung hat der Arbeitnehmer dem Arbeitgeber spätestens am dritten Krankheitstag - spätestens am darauffolgenden Arbeitstag - eine ärztliche Bescheinigung über die Arbeitsunfähigkeit sowie deren voraussichtliche Dauer vorzulegen.

§ 6 Kündigung
Während der Probezeit können beide Parteien den Arbeitsvertrag mit einer Frist von ... Wochen zum Monatsende kündigen. Nach Ablauf der Probezeit ist eine Kündigung nur unter Einhaltung einer Frist von ... Monaten zum ... zulässig. Jede Kündigung bedarf der Schriftform.

§ 7 Nebentätigkeit
Während der Dauer der Beschäftigung ist jede entgeltliche oder unentgeltliche Nebenbeschäftigung, die zu einer Beeinträchtigung der vereinbarten Arbeitsleistung führt, untersagt.

§ 8 Tarifvertragliche Bestimmungen
Neben den Vereinbarungen im Arbeitsvertrag gelten insbesondere die Bestimmungen der jeweils gültigen Tarifverträge.

§ 9 Schlussbestimmungen
Nebenabreden und Änderungen des Vertrages bedürfen zu ihrer Rechtsgültigkeit der Schriftform. Eine etwaige Unwirksamkeit einzelner Vertragsbestimmungen berührt nicht die Wirksamkeit der übrigen Bestimmungen.

Ort, Datum

____________________ Arbeitgeber

____________________ Arbeitnehmer

Der Arbeitsvertrag als Form des Dienstvertrages ist mit einer Reihe von Rechten und Pflichten für die Vertragspartner verbunden. Dazu zählen u. a.:

Pflichten des Arbeitgebers (Rechte des Arbeitnehmers)	Pflichten des Arbeitnehmers (Rechte des Arbeitgebers)
• Vergütung (z. B. Gehalt, Provision, Gewinnbeteiligung) • Fürsorge (Erhaltung der Gesundheit, Anmeldung zur Sozialversicherung, Gewährung von Urlaub) • Zeugniserteilung (einfaches oder auf Wunsch qualifiziertes Zeugnis mit Angaben über Führung und Leistung)	• Dienstleistung (gewissenhafte Erbringung der Arbeitsleistung) • Treue- und Verschwiegenheit (Interessen des Betriebes wahren; über Geschäftsgeheimnisse schweigen) • Wettbewerbsverbot (ohne Einwilligung kein Handelsgewerbe; keine Geschäfte im Handelszweig des Arbeitgebers)

4.3 Personaleinführung

Der erste Arbeitstag eines neuen Mitarbeiters ist häufig ein besonders wichtiger Tag für Arbeitnehmer und Arbeitgeber. Eine freundliche Begrüßung und eine gezielte Mitarbeitereinführung können einen erheblichen Einfluss auf seine Motivation und Aufgeschlossenheit sowie auf seine Leistung und Arbeitszufriedenheit ausüben. Man sollte genügend Zeit für Einführungsmaßnahmen einplanen, die zu einer Verringerung von Orientierungsproblemen führen und zum allgemeinen Wohlbefinden des Mitarbeiters beitragen. In Betracht kommen u. a. eine gezielte Bekanntmachung mit Arbeitskollegen und eine Klarstellung betrieblicher Besonderheiten.

Checkliste für Personaleinführung

Vorbereitungen

✓ Stammbelegschaft informieren; ggf. Ansprechpartner (Mentor) einweisen
✓ Unterlagen für den neuen Mitarbeiter zusammenstellen
✓ Einarbeitungsplan festlegen
✓ Arbeitsplatz vorbereiten
✓ ...

Einführung des Mitarbeiters

✓ Begrüßung und Vorstellung (z. B. Kolleginnen und Kollegen, Vorgesetzte, Mentor)
✓ Betriebsführung
✓ Erläuterung der Arbeitsorganisation (z. B. Arbeitszeiten, Pausenzeiten, Essensmöglichkeiten, Dienstreiseformalitäten)
✓ Arbeitsschutzbelehrung
✓ Einweisung am Arbeitsplatz (technische Einweisung in z. B. Telefonanlage, PC)
✓ Besprechung des Einarbeitungsplans
✓ Konkretisierung anstehender Arbeitsaufträge
✓ ...

4.4 Personalverwaltung

Die Personalverwaltung ist für die administrativen und routinemäßigen Tätigkeiten zuständig, die im Zusammenhang mit der Einstellung, dem Einsatz, der Entlohnung und der Beendigung von Arbeitsverhältnissen anfallen. Dazu gehören u. a. die

- Verwaltung und Bearbeitung von Vertragsunterlagen
- Bearbeitung von Steuer- und Sozialversicherungsunterlagen
- Erfassung und Verwaltung von Personalstammdaten
- Führung von Personalakten und Personalkarteien/-dateien
- Erfassung und Verwaltung von Arbeits-, Urlaubs- und Krankheitszeiten
- Verwaltung sonstiger Personaldaten und
- Entgeltabrechnung.

4.4.1 Personalpapiere und Personalunterlagen

Bevor ein neuer Mitarbeiter seine Tätigkeit aufnimmt, sind von der Personalabteilung eine Reihe von Daten zu erfassen und zu verarbeiten: Einzureichende Personalpapiere werden in Empfang genommen und Melde- und Anzeigepflichten erledigt; dem Arbeitnehmer werden Unterlagen zur Kenntnisnahme, Verwahrung und Nutzung ausgehändigt.

Checkliste für Personalunterlagen

Vorlagepflicht für Arbeitnehmer

- ✓ Versicherungsnachweisheft der Rentenversicherung
- ✓ Sozialversicherungsausweis
- ✓ Mitgliedsbescheinigung einer Krankenkasse
- ✓ Urlaubsbescheinigung
- ✓ Arbeitserlaubnis ausländischer Arbeitnehmer
- ✓ gegebenenfalls ausstehende Bewerbungsunterlagen
- ✓ gegebenenfalls ärztliches Zeugnis
- ✓ ...

Einstellungsunterlagen für Arbeitnehmer

- ✓ Arbeitsvertrag
- ✓ Betriebsordnung
- ✓ Betriebs- bzw. Werksausweis
- ✓ Informationsmaterial
  (z. B. Sicherheitsvorkehrungen, Verhalten bei Unfällen, Raucherzonen)
- ✓ Schlüssel bzw. PIN-Codes
- ✓ Arbeitsmaterial, Werkzeuge etc.
- ✓ ...

Zusätzlich muss der Arbeitgeber den Arbeitnehmer bei verschiedenen Organisationen und Institutionen z. B. der **Krankenkasse**, der **Sozialversicherung** (Weiterleitung durch die Krankenkasse) dem Finanzamt oder der **Berufsgenossenschaft** anmelden.

4.4.2 Personalakte und Personaldatenverwaltung

Eine Hauptaufgabe der Personalverwaltung ist das Anlegen und Führen der **Personalakte**. Sie umfasst wichtige Dokumente und Vorgänge, die im Zusammenhang mit dem Arbeitsverhältnis stehen und für deren Aufnahme ein berechtigtes Interesse aus Arbeitgeber- oder Arbeitnehmersicht besteht. Dazu gehören u. a. die persönlichen Stammdaten und Urkunden des Arbeitnehmers, Daten über die persönliche und berufliche Entwicklung sowie Einschätzungen der betrieblichen Leistungen. Grundsätzlich kann der Arbeitgeber frei entscheiden, welche Unterlagen in der Personalakte aufbewahrt werden; sie müssen - neben dem berechtigten Interesse - nur in einem **inneren Zusammenhang** mit dem Arbeitsverhältnis stehen. Zu den Inhalten zählen u. a.:

- Bewerbungsunterlagen
- Personalbogen/Personalstammblatt mit Angaben zu den persönlichen Verhältnissen (Personalstammdaten)
- Arbeitsvertrag, Vertragsänderung und Entgeltvereinbarungen
- Korrespondenzen mit dem Mitarbeiter
- Angaben zur Tätigkeit, Stellung im Betrieb und Beförderungen
- Fortbildungen
- Beurteilungen und Arbeitszeugnisse
- Urlaubs- und Krankheitszeiten
- Abmahnungen.

Arbeitnehmer haben das Recht zur Einsichtnahme in ihre Personalakte - gegebenenfalls unter Hinzuziehung eines Betriebsratsmitgliedes. Im Beisein eines Mitarbeiters der Personalabteilung dürfen Abschriften angefertigt werden. Eine Entnahme von Dokumenten durch den Arbeitnehmer ist jedoch nicht gestattet. Befinden sich unrichtige Angaben in der Personalakte, so hat der Arbeitnehmer das Recht auf Entfernung oder Berichtigung. Dieses Recht ist insbesondere im Zusammenhang mit unberechtigten Abmahnungen von Bedeutung.

Die zeit- und kostenintensive Führung der „klassischen" Personalakte in Papierform wird zunehmend durch ein DV-gestütztes Informationssystem ergänzt bzw. ersetzt. Mit der so genannten **elektronischen Personalakte** können Personaldaten effizient verwaltet, ausgewertet und sicher gemäß den Datenschutzbestimmungen archiviert werden.

Als Vorteile der elektronischen Personalakte gelten entsprechend:

- Ausgewählte Informationen zu Personalstammdaten, z. B. zu Gehalt, Urlaubs- und Fehlzeiten, Qualifikationen und Karriereplan sind jederzeit in aktueller Form digital abrufbar.

- Entlastungen der Personalarbeit werden insbesondere erzielt, wenn die elektronische Personalakte komplett in das Personalwirtschaftssystem einschließlich der Personalabrechnung des Unternehmens integriert wird. Auf diese Weise können individuell benutzerorientierte Informationen (z. B. für Firmeninhaber oder Personalsachbearbeiter) für Lese- und Schreibzugriffe aufgerufen werden (z. B. Verwendung von Dokumentvorlagen mit Übertragung der Daten aus dem Personalwesen).

- Weitere Vorteile bestehen in dem schnellen und unkomplizierten Zugriff, denn Entfernungen zwischen unterschiedlichen Bearbeitungsstationen und damit zeitaufwändiger Transport spielen keine Rolle mehr, sowie in komfortablen Recherchemöglichkeiten.

- Über ein Berechtigungsmanagement (z. B. passwortgebundener Zugriff, benutzerspezifische Menüs) kann sichergestellt werden, dass kein unbefugter Zugriff auf die Daten genommen wird.

4.4.3 Schutz personenbezogener Daten

Die nicht automatisierte Sammlung personenbezogener Daten („klassische" Personalakte) sowie die elektronische Speicherung und Archivierung von Personaldaten unterliegen einer besonderen Sorgfalt und Vertraulichkeit unter Beachtung der Anforderungen des **Bundesdatenschutzgesetzes** (BDSG). Zweck des Gesetzes ist es, den Einzelnen davor zu schützen, dass er durch den Umgang mit seinen personenbezogenen Daten (z. B. Familienstand, Religionszugehörigkeit, Krankheiten, Vorstrafen) in seinem Persönlichkeitsrecht beeinträchtigt wird. Das Bundesdatenschutzgesetz gilt für öffentliche Stellen (z. B. Behörden des Bundes, der Länder und der Kommunen) und für nicht-öffentliche Stellen (z. B. Personen, Unternehmen, Vereine), es sei denn, die Datenerhebung und deren Nutzung erfolgt ausschließlich für persönliche oder familiäre Tätigkeiten (z. B. private Aufzeichnungen über Geburtstage, Fotosammlungen).

Das Gesetz definiert die Grundsätze der **Datenvermeidung** und **Datensparsamkeit** mit dem Ziel, keine oder so wenig personenbezogene Daten wie möglich zu erheben und z. B. von den Möglichkeiten der Anonymisierung Gebrauch zu machen.

Die Personalverwaltung hat zahlreiche weitere Bestimmungen des Bundesdatenschutzgesetzes zu beachten.

- **Verbot der Datenerhebung, -verarbeitung und -nutzung mit Erlaubnisvorbehalt**: Die Verwendung personenbezogener Daten ist nur zulässig, soweit das BDSG selbst bzw. eine andere Rechtsnorm (z. B. Betriebsverfassungsgesetz, Sozialgesetzbuch) sie erlaubt oder anordnet oder der Betroffene eingewilligt hat (vgl. § 4 BDSG).

- **Rechte des Betroffenen**: Personen, über die Daten gespeichert sind, haben nach dem Bundesdatenschutzgesetz u. a. folgende unabdingbare Rechte:

Recht auf **Benachrichtigung**	Der Betroffene ist zu benachrichtigen, wenn ohne seine Kenntnis personenbezogene Daten gespeichert wurden. Er ist auch zu informieren mit Hinweis auf die möglichen Empfänger, wenn die Daten übermittelt wurden (vgl. § 33 BDSG).
Recht auf **Auskunft**	Der Betroffene kann Auskunft darüber verlangen, ob und welche personenbezogenen Daten über ihn gespeichert sind, aus welcher Herkunft diese Daten stammen und zu welchem Zweck sie gespeichert wurden (vgl. § 34 BDSG).
Recht auf **Berichtigung, Löschung und Sperrung**	Unrichtige personenbezogene Daten sind zu berichtigen. Sie sind zu löschen, wenn z. B. ihre Speicherung unzulässig ist oder die Kenntnis der Daten nicht mehr erforderlich ist. An die Stelle einer Löschung tritt die Sperrung der Daten, soweit z. B. gesetzliche Aufbewahrungsfristen zu beachten sind (§ 35 BDSG).
Recht auf **Schadensersatz**	Wird dem Betroffenen durch eine unzulässige oder unrichtige Erhebung, Verarbeitung oder Nutzung seiner personenbezogenen Daten ein Schaden zugefügt, so hat er Anspruch auf Schadensersatz (vgl. § 7 f. BDSG).

- **Bestellung eines Datenschutzbeauftragten**: Abhängig von der Anzahl der beschäftigten Arbeitnehmer ist ein Datenschutzbeauftragter zu bestellen, der die erforderliche Fachkunde und Zuverlässigkeit besitzt. Seine Aufgaben sind u. a.: Hinwirken auf die Einhaltung der Ausführungen des BDSG und anderer Datenschutzvorschriften, Durchführung von Schulungen zum Datenschutz, Überwachung der ordnungsgemäßen Anwendung der DV-Programme, Verpflichtung der Mitarbeiter auf das Datengeheimnis (vgl. § 4 g BDSG).

5 Personalentlohnung

Die Personalentlohnung umfasst Maßnahmen und Entscheidungen, die mit der Bereitstellung von finanziellen Leistungen des Unternehmens an die Mitarbeiter zusammenhängen. Dabei geht es insbesondere um eine möglichst gerechte Lohnfindung, um die Art der Entgeltformen sowie die Ermittlung der Personalkosten und deren Abrechnung im Rahmen der Lohn- und Gehaltszahlungen.

5.1 Lohngerechtigkeiten

Mitarbeiter haben als Gegenwert für ihre Arbeitsleistung Anspruch auf eine möglichst gerechte Entlohnung für unterschiedliche Arbeitstätigkeiten. Was der Einzelne als angemessen empfindet, ist eine höchst subjektive Angelegenheit, bei der Aspekte wie z. B. Schwierigkeitsgrad der Arbeit, erbrachte Leistung, Ausbildung und Familienstand individuell bewertet werden. Es stellt sich somit die Frage nach dem Verständnis von Lohngerechtigkeit. Da sich bisher nicht überzeugend objektive Beurteilungsmaßstäbe für eine **absolute Lohngerechtigkeit** definieren lassen, versucht man über die Bildung von Teilgerechtigkeiten (Ersatzgerechtigkeiten) eine **relative Lohngerechtigkeit** herbeizuführen. Dabei stellen die meisten Teilgerechtigkeiten darauf ab, eine vom Sozialsystem Unternehmung akzeptierte „unternehmensinterne" Entgelthierarchie aufzubauen. Unternehmen orientieren sich zwar an einer Marktgerechtigkeit der gezahlten Entgelte, zahlen aber konkrete Entgelte auch unter Berücksichtigung tariflicher Vorgaben und oft abhängig von ihrer Wirtschaftskraft. In diesem Zusammenhang gewinnen Systeme, die die Mitarbeiter am Unternehmenserfolg beteiligen, zunehmend an Bedeutung.

Als **Teilgerechtigkeiten** gelten:

- **Anforderungsgerechtigkeit;** sie berücksichtigt die unterschiedlichen Anforderungen bzw. Schwierigkeitsgrade der Arbeitsaufgaben (z. B. im Lager, im Verkauf, im Büro) unabhängig von der ausführenden Person. Im Rahmen von Arbeitsbewertungen (summarisches Verfahren oder analytisches Verfahren) wird die Arbeitsschwierigkeit gemessen.

  Summarisches Verfahren: Es bewertet die Arbeitsaufgabe als Ganzes und vergleicht sie mit Schwierigkeiten und Belastungen anderer Arbeitsaufgaben. So entsteht eine Rangfolge aller Arbeiten, die jeweils bestimmten Lohngruppen (z. B. Lohngruppenschema eines Tarifvertrages) zugeordnet werden.

  Analytisches Verfahren: Die Arbeitsaufgabe wird nach bestimmten Anforderungsarten (z. B. Fachkönnen, Anstrengung, Verantwortung, Arbeitsbedingungen) bewertet und jeweils mit Punktzahlen versehen. Die Summe der Punktzahlen gibt den Schwierigkeitsgrad an. Je höher die Punktzahl ist, desto höher ist die Vergütung für die Tätigkeit.

- **Qualifikationsgerechtigkeit;** sie berücksichtigt die Qualifikation des Arbeitnehmers als Vorausleistung bei der Festlegung der Entgelthöhe.

- **Leistungsgerechtigkeit;** sie erfasst anhand von Leistungsbewertungen die quantitative und qualitative individuelle Leistung (z. B. Schnelligkeit, Zuverlässigkeit) des Arbeitnehmers. Das Verhältnis zwischen Normalleistung und tatsächlicher Leistung bestimmt den Leistungsgrad und wird in den Lohnformen (z. B. im Leistungslohn) berücksichtigt.

- **Marktgerechtigkeit;** sie orientiert sich an vergleichbaren Stellen auf dem Arbeitsmarkt.

- **Sozialgerechtigkeit;** sie bezieht die persönlichen Lebensumstände wie Familienstand, Alter, Kinder mit ein.

5.2 Entgeltformen

Neben den innerbetrieblichen Instrumenten (z. B. Arbeitsbewertung, Leistungsbewertung) sorgen die Rechtsgrundlagen (Gesetze, Tarifverträge, Betriebsvereinbarungen) für eine verbindliche Regelung der Entlohnung mit Grundlöhnen, zu denen verschiedene freiwillige oder tariflich vereinbarte Zuschläge treten können.

Der Begriff „Entlohnung" bezieht sich als Oberbegriff auf die traditionelle Unterscheidung von Löhnen (für Arbeiter) und Gehältern (für Angestellte). Im Arbeitsrecht ist diese Unterscheidung mittlerweile stark zurückgegangen.

In diesem Zusammenhang sind unterschiedliche Entlohnungs-/Entgeltformen definiert.

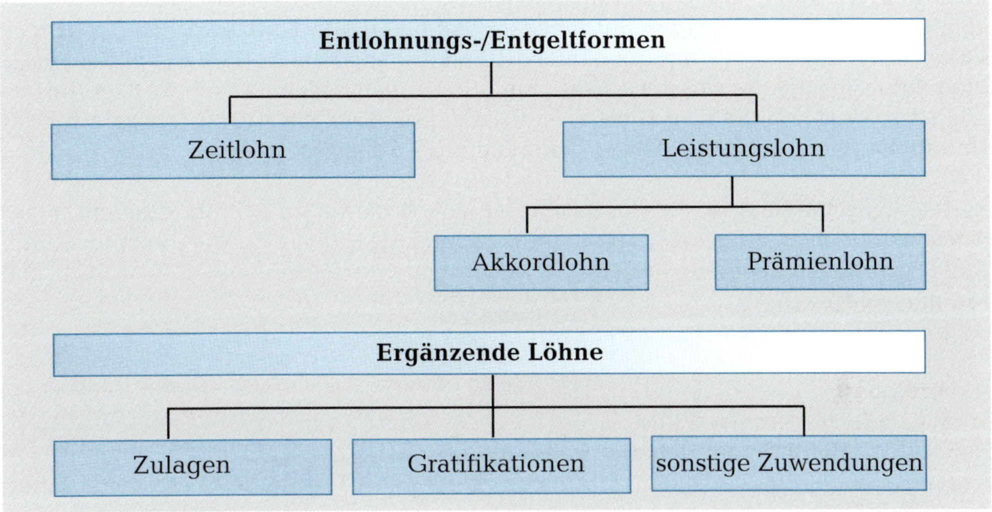

5.2.1 Zeitlohn

Beim **Zeitlohn** wird die Arbeit nach der Dauer (Stunden, Tage, Wochen, Monate) der geleisteten Arbeitszeit vergütet. Angestellte erhalten ein Gehalt (Sonderform des Zeitlohns), das in der Regel monatlich gezahlt wird. Auch wenn kein unmittelbarer Leistungsbezug in Orientierung an der Normalleistung gegeben ist, so ist gleichwohl eine bestimmte Leistungserwartung zu erfüllen. Der Zeitlohn kann auch zusätzlich mit einer Leistungszulage kombiniert sein.

Der Zeitlohn findet z. B. Anwendung, wenn

- eine Leistungsmessung nicht möglich ist (z. B. Leitungsaufgaben, Büroarbeit)
- die Arbeit quantitativ nicht beeinflussbar ist (z. B. Kontrollaufgaben, Maschinenbedienung)
- ein hoher Grad an Qualität und Genauigkeit gefordert ist (z. B. Präzisionsarbeiten)
- die Arbeit Kreativität und individuelle Gestaltungsfreiheit verlangt
- erhöhte Aufmerksamkeit wegen Unfallgefahr notwendig ist.

Vorteile des Zeitlohns liegen insbesondere in dem geringen Verwaltungsaufwand für den Arbeitgeber und im festen Einkommen für den Arbeitnehmer. Ein Nachteil ist der fehlende Anreiz durch höhere Löhne bei Mehrleistung.

5.2.2 Leistungslohn

Im Leistungslohn ist das Leistungsprinzip deutlich stärker verankert durch den unmittelbaren Leistungsanreiz für den Arbeitnehmer, bei Steigerung der Arbeitsleistung mehr zu verdienen. Von einer Steigerung der Arbeitsleistung profitiert aber auch die

Unternehmung. Für die Unternehmung verändern sich bei Mehrleistung die variablen Kosten pro Stück grundsätzlich nicht. Eine Mehrleistung führt aber zu sinkenden Fixkosten pro Stück. Die definitionsgemäß unabhängig von der produzierten Menge anfallenden Fixkosten werden auf mehr Produkte verteilt, die fixen Kosten pro Stück sinken mit steigender Ausbringungsmenge (Fixkostendegression). Wenn bei steigender Produktionsmenge die variablen Kosten pro Stück gleich bleiben und die fixen Kosten pro Stück sinken, heißt das: Die Gesamtkosten pro Stück sinken - es entsteht für das Unternehmen ein Vorteil und zwar in Form eines Kostenvorteils.

Bei der Entscheidung für Leistungslohn ist jedoch darauf zu achten, dass ein hohes Arbeitstempo nicht zu gesundheitlichen Beeinträchtigungen des Arbeitnehmers führt. Auf der Unternehmensseite besteht die Gefahr von Qualitätseinbußen, Ausschuss und Materialverschleiß.

Akkordlohn

Beim **Akkordlohn** richtet sich die Entlohnung nach der Menge der geleisteten Arbeit. Um diese Lohnform anwenden zu können, muss die Art der Arbeit bestimmte Bedingungen erfüllen.

Voraussetzungen sind:

- Die Arbeit ist wiederkehrend und frei von externen Störungen.
- Die Arbeitsleistung ist vom Mitarbeiter beeinflussbar und sie ist leicht messbar.

Der Akkordlohn sieht als Bestandteil in der Regel einen tariflich garantierten **Mindestlohn** und einen **Akkordzuschlag** vor, die zusammen den **Akkordrichtsatz** ergeben. Der Akkordrichtsatz entspricht dem Grundlohn pro Stunde des Akkordarbeiters bei Normalleistung.

Beispiel:

Ein Mindeststundenlohn von 8,00 EUR zuzüglich 20 % Akkordzuschlag ergibt einen Akkordrichtsatz von 9,60 EUR als Grundlohn.

Beim **Geldakkord (Stückakkord)** wird ein fester Geldsatz pro Stück (so genanntes Stückgeld) gezahlt.

Beispiel:

Der Akkordrichtsatz beträgt 9,60 EUR bei einem Mindeststundenlohn von 8,00 EUR und die Normalleistung pro Stunde 10 Stück. Daraus wird ein Stückgeld von 0,96 EUR ermittelt. Beträgt die Stundenleistung 12 Stück, so ergibt das einen Stundenlohn von 11,52 EUR. Beträgt die Stundenleistung 8 Stück, so wird der Mindestlohn von 8,00 EUR angesetzt.

Bei einer Lohnberechnung nach dem Geldakkord ist die Zeitvorgabe für den Arbeitnehmer nicht unmittelbar erkennbar. Außerdem sind bei Tarifänderungen neue Berechnungen für die Akkordvorgaben erforderlich. Diese Nachteile vermeidet der **Zeitakkord**. Es wird eine **Vorgabezeit** pro Stück aus der Normalleistung bestimmt und mit dem **Minutenfaktor** (Entgelt pro Minute) multipliziert.

Beispiel:

Die Normalleistung pro Stunde beträgt 10 Stück, die Vorgabezeit somit 6 Minuten pro Stück. Bei einem Akkordrichtsatz von 9,60 EUR ergibt sich ein Minutenfaktor von 0,16 EUR pro Minute. Beträgt die Stundenleistung z. B. 12 Stück, so wird ein Stundenlohn von 11,52 EUR (12 · 6 · 0,16) ermittelt.

Der **Gruppenakkord** ist eine Sonderform des Akkordlohns, bei dem ein Mehrerlös nach einem bestimmten Verteilungsschlüssel auf die Gruppenmitglieder verteilt wird.

Prämienlohn

Der Prämienlohn besteht in der Regel aus einem leistungsunabhängigen Grundlohn und der leistungsabhängigen Prämie. Die Prämie dient der Steigerung der Arbeitsmenge oder der Arbeitsqualität. Der Prämienlohn kommt zur Anwendung, wenn genaue Akkordvorgaben nicht ermittelt werden können. Insbesondere durch die verstärkte Automatisierung von Fertigungsprozessen sind - quantitative - Leistungsspielräume immer weniger vorhanden. Das Arbeitsergebnis muss aber vom Arbeitnehmer noch beeinflussbar sein.

Prämien kommen in unterschiedlichen Ausprägungen vor, z. B. als:

- **Mengenleistungsprämie;** sie wird als Ersatz für Akkordlohn gezahlt, dessen Ermittlung zu aufwändig oder nicht möglich ist.
- **Qualitätsprämie;** sie fällt bei Minimierung von z. B. Ausschüssen und Nacharbeiten an.
- **Ersparnisprämie;** sie wird bei Einsparungen von z. B. Material, Energie und Instandhaltung entrichtet.
- **Nutzungsprämie;** sie ist zahlbar z. B. bei unterdurchschnittlichen Rüstzeiten und Reparaturzeiten.

5.2.3 Ergänzende Löhne

Neben den Grundlöhnen werden häufig weitere einmalige oder wiederkehrende Leistungen in Form von Zulagen und Zuschlägen, Gratifikationen oder sonstigen Zuwendungen gewährt. Ein Anspruch kann gegebenenfalls durch die Rechtsgrundlagen (z. B. Tarifvertrag, Arbeitsvertrag) begründet sein.

- **Zulagen und Zuschläge** sind Geldleistungen des Arbeitgebers für besondere Leistungen des Arbeitnehmers, bei ungünstigen Arbeitsumständen oder aus sozialen Gründen: z. B. Erschwerniszulagen, Funktionszulagen wegen Übernahme zusätzlicher Verantwortung, persönliche Zulagen oder Sozialzulagen wie Kinder- oder Ortszulagen; Zuschläge für Nachtarbeit, Überstunden oder Sonn- und Feiertagsarbeit.

- **Gratifikationen sind Sondervergütungen** zu besonderen Anlässen wie z. B. Weihnachten oder Jubiläen. Ein Rechtsanspruch entsteht durch Tarifvertrag, Betriebsvereinbarung, Arbeitsvertrag oder wiederholte vorbehaltlose Gewährung. Ansonsten kann der Arbeitgeber nach freiem Ermessen bestimmen, ob und in welcher Höhe er eine Gratifikation zahlt.

- **Sonstige Zuwendungen** werden zu unterschiedlichen Anlässen als geldliche Leistungen erbracht: z. B. Vermögenswirksame Leistungen, Urlaubsgeld, Weihnachtsgeld, Mietzuschüsse. In bestimmten Berufen oder in bestimmten Branchen werden diese auch als Sachbezüge gewährt: z. B. in Form von Verpflegung oder Unterkunft.

5.3 Lohn- und Gehaltsabrechnung

Die gesetzlichen und freiwilligen Bezüge, die der Arbeitnehmer für seine Arbeitsleistung erhält, sind Gegenstand der Lohn- und Gehaltsabrechnung. Laufende und einmalige Geldzahlungen sowie Sachbezüge (z. B. Wohnung oder Firmenwagen werden zur Verfügung gestellt) und geldwerte Vorteile (z. B. verbilligte Überlassung von Waren, Bewirtungen, kostenlose Parkmöglichkeit für Firmenangehörige in einem Parkhaus) unterliegen grundsätzlich der Lohnsteuer- und Sozialversicherungspflicht. Für bestimmte Einkünfte sieht das Einkommensteuergesetz jedoch Steuerfreiheit bis zu einer Höchstgrenze vor, z. B. für Zuschläge, die für tatsächlich geleistete Sonntags-, Feiertags- oder Nachtarbeit neben dem Grundlohn gezahlt werden.

Die Gesamtsumme aller Zahlungen an den Arbeitnehmer bezeichnet man als **Bruttolohn**. Der Arbeitgeber berechnet die Abzüge für **Steuern** (Lohnsteuer, Solidaritätszuschlag und Kirchensteuer) und **Sozialversicherungsbeiträge** (Beiträge zur Krankenversicherung, Pflegeversicherung, Rentenversicherung und Arbeitslosenversicherung), zieht sie direkt vom Bruttoentgelt ab und überweist sie an das Finanzamt bzw. an die Krankenkasse. Nach Abzug dieser Abgaben ergibt sich der **Nettolohn**.

Die Beiträge zur Sozialversicherung sind von Arbeitgeber und Arbeitnehmer gemeinsam aufzuwenden. Für den Arbeitgeber entstehen somit zusätzliche Personalkosten, die wie z. B. Sonderzahlungen (Weihnachtsgeld, Urlaubsgeld, Vermögenswirksame Leistungen) zu den so genannten **Personalnebenkosten/Personalzusatzkosten** gerechnet werden.

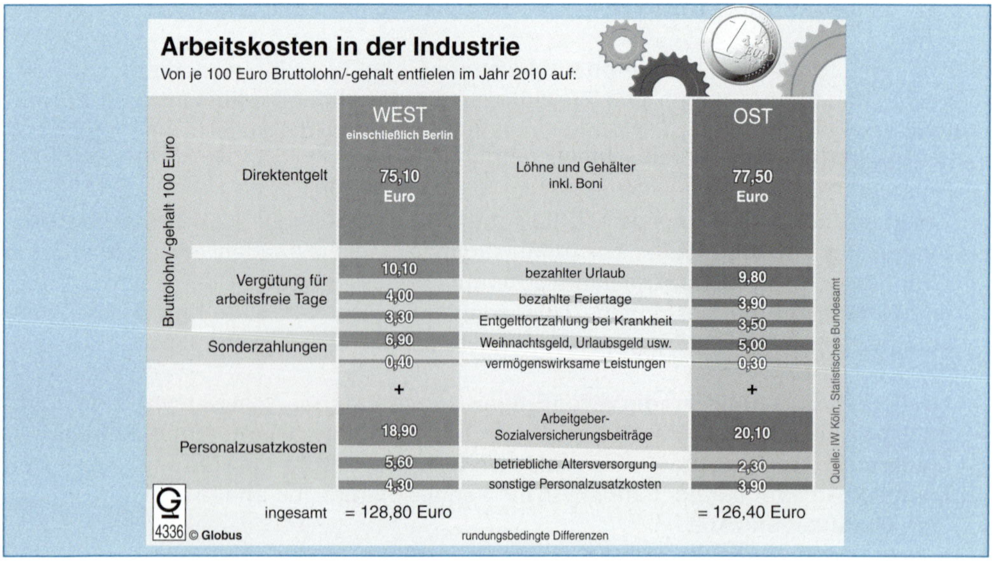

Vermögenswirksame Leistungen sind Geldzahlungen, die vom Arbeitgeber für den Arbeitnehmer in vom Gesetzgeber festgelegten langfristigen Anlageformen (5. Vermögensbildungsgesetz) angelegt werden. Der Staat unterstützt diese Art der Vermögensbildung der Arbeitnehmer durch eine Sparzulage, die beim Finanzamt beantragt und auf das betreffende Geldanlagekonto überwiesen wird. Die Gewährung der Arbeitnehmersparzulage ist an bestimmte Einkommensgrenzen des zu versteuernden Einkommens und an bestimmte Sparformen gebunden. Begünstigte Anlagemöglichkeiten sind Bausparverträge und Wertpapierfonds.

Je nach Tarifvertrag, Betriebsvereinbarung oder Einzelarbeitsvertrag werden die Vermögenswirksamen Leistungen **allein vom Arbeitnehmer, allein vom Arbeitgeber** oder von **beiden gemeinsam** aufgebracht.

5.3.1 Berechnung der Steuern (LSt, KiSt, SolZ)

Der **Lohnsteuerabzug** erfolgt auf der Grundlage von Lohnsteuertabellen, die nach Steuerklassen aufgeteilt sind. Die Steuerklassen berücksichtigen die persönlichen Verhältnisse des Arbeitnehmers je nach Familienstand und Kinderzahl. Der **Solidaritätszuschlag** beträgt zurzeit 5,5 % von der Lohnsteuer. Die **Kirchensteuer** wird mit 8 % (Baden-Württemberg und Bayern) bzw. 9 % (restliche Bundesländer) der Lohnsteuer erhoben. Bei der Bemessung von Solidaritätszuschlag und Kirchensteuer wird im Gegensatz zur Lohnsteuer die Anzahl der Kinder berücksichtigt.

Steuerklasse	Steuerpflichtige
I	Ledige, verwitwete oder geschiedene Arbeitnehmer sowie verheiratete Arbeitnehmer, die von ihrem Ehegatten dauernd getrennt leben.
II	Die in Steuerklasse I genannten Arbeitnehmer, wenn ihnen ein Entlastungsfreibetrag für Alleinerziehende zusteht. Anspruch auf den Entlastungsbetrag haben Alleinerziehende, • die mit mindestens einem steuerlich zu berücksichtigenden Kind eine Haushaltsgemeinschaft in einer gemeinsamen Wohnung bilden, • deren Kind das 18. Lebensjahr noch nicht vollendet hat und • die zusammen mit dem Kind in der gemeinsamen Wohnung gemeldet sind.
III	Verheiratete Arbeitnehmer, deren Ehegatten kein Einkommen beziehen oder auf Antrag in Steuerklasse V eingestuft wurden. Geschiedene Ehegatten in dem Kalenderjahr, in dem die Ehe aufgelöst wurde. Verwitwete Arbeitnehmer für das Kalenderjahr, das dem Todesjahr des Ehegatten folgt.
IV	Verheiratete Arbeitnehmer, wenn beide Ehegatten Arbeitslohn beziehen, im Inland wohnen und nicht dauernd getrennt leben.
V	Verheiratete Arbeitnehmer, wenn beide Ehegatten Arbeitslohn beziehen und einer auf Antrag in Steuerklasse III eingestuft wurde.
VI	Arbeitnehmer, die aus mehreren Arbeitsverhältnissen nebeneinander Arbeitslohn beziehen.

Lohnsteuertabellen 20.. (Monat)
(Kirchensteuer 9 %)

Lohn (bis)	StKl	LSt	ohne Kifb KiSt	ohne Kifb SolZ	0,5 Kifb KiSt	0,5 Kifb SolZ	1,0 Kifb KiSt	1,0 Kifb SolZ	1,5 Kifb KiSt	1,5 Kifb SolZ	2,0 Kifb KiSt	2,0 Kifb SolZ	2,5 Kifb KiSt	2,5 Kifb SolZ	3,0 Kifb KiSt	3,0 Kifb SolZ
3.617,99	I	**766,83**	69,01	42,17	61,22	37,41	53,73	32,83	46,52	28,43	39,60	24,20	32,97	20,15	26,64	16,28
	II	**727,50**	65,47	40,01	57,81	35,33	50,45	30,83	43,37	26,50	36,58	22,35	30,08	18,38	23,87	14,58
	III	**438,83**	39,49	24,13	33,70	20,59	28,06	17,15	22,55	13,78	17,20	5,83	12,04		7,40	
	IV	**766,83**	69,01	42,17	65,08	39,77	61,22	37,41	57,44	35,10	53,73	32,83	50,09	30,61	46,52	28,43
	V	**1.228,00**	110,52	67,54	110,52	67,54	110,52	67,54	110,52	67,54	110,52	67,54	110,52	67,54	110,52	67,54
	VI	**1.260,25**	113,42	69,31	113,42	69,31	113,42	69,31	113,42	69,31	113,42	69,31	113,42	69,31	113,42	69,31
3.620,99	I	**767,91**	69,11	42,23	61,31	37,47	53,82	32,89	46,61	28,48	39,69	24,25	33,05	20,19	26,71	16,32
	II	**728,50**	65,56	40,06	57,90	35,38	50,53	30,88	43,45	26,55	36,66	22,40	30,16	18,43	23,94	14,63
	III	**439,66**	39,56	24,18	33,77	20,64	28,12	17,18	22,61	13,82	17,26	5,96	12,10		7,47	
	IV	**767,91**	69,11	42,23	65,18	39,83	61,31	37,47	57,53	35,15	53,82	32,89	50,18	30,66	46,61	28,48
	V	**1.229,25**	110,63	67,60	110,63	67,60	110,63	67,60	110,63	67,60	110,63	67,60	110,63	67,60	110,63	67,60
	VI	**1.261,50**	113,53	69,38	113,53	69,38	113,53	69,38	113,53	69,38	113,53	69,38	113,53	69,38	113,53	69,38
3.623,99	I	**769,00**	69,21	42,29	61,40	37,52	53,91	32,94	46,69	28,53	39,77	24,30	33,13	20,24	26,78	16,36
	II	**729,58**	65,66	40,12	57,99	35,44	50,62	30,93	43,53	26,60	36,74	22,45	30,24	18,48	24,02	14,68
	III	**440,50**	39,64	24,22	33,85	20,68	28,19	17,23	22,69	13,86	17,32	6,10	12,16		7,51	
	IV	**769,00**	69,21	42,29	65,27	39,88	61,40	37,52	57,62	35,21	53,91	32,94	50,26	30,71	46,69	28,53
	V	**1.230,58**	110,75	67,68	110,75	67,68	110,75	67,68	110,75	67,68	110,75	67,68	110,75	67,68	110,75	67,68
	VI	**1.262,75**	113,64	69,45	113,64	69,45	113,64	69,45	113,64	69,45	113,64	69,45	113,64	69,45	113,64	69,45
3.626,99	I	**770,00**	69,30	42,35	61,50	37,58	54,00	33,00	46,77	28,58	39,84	24,35	33,21	20,29	26,85	16,41
	II	**730,58**	65,75	40,18	58,08	35,49	50,70	30,98	43,61	26,65	36,82	22,50	30,31	18,52	24,09	14,72
	III	**441,33**	39,71	24,27	33,91	20,72	28,26	17,27	22,75	13,90	17,39	6,26	12,22		7,57	
	IV	**770,00**	69,30	42,35	65,36	39,94	61,50	37,58	57,71	35,26	54,00	33,00	50,35	30,77	46,77	28,58
	V	**1.231,83**	110,86	67,75	110,86	67,75	110,86	67,75	110,86	67,75	110,86	67,75	110,86	67,75	110,86	67,75
	VI	**1.264,00**	113,76	69,52	113,76	69,52	113,76	69,52	113,76	69,52	113,76	69,52	113,76	69,52	113,76	69,52
3.629,99	I	**771,08**	69,39	42,40	61,59	37,64	54,09	33,05	46,86	28,64	39,92	24,40	33,29	20,34	26,93	16,45
	II	**731,66**	65,84	40,24	58,17	35,55	50,79	31,04	43,70	26,71	36,90	22,55	30,38	18,57	24,16	14,76
	III	**442,00**	39,78	24,31	33,98	20,77	28,33	17,31	22,81	13,94	17,46	6,40	12,28		7,61	
	IV	**771,08**	69,39	42,40	65,45	40,00	61,59	37,64	57,80	35,32	54,09	33,05	50,43	30,82	46,86	28,64
	V	**1.233,08**	110,97	67,81	110,97	67,81	110,97	67,81	110,97	67,81	110,97	67,81	110,97	67,81	110,97	67,81
	VI	**1.265,25**	113,87	69,58	113,87	69,58	113,87	69,58	113,87	69,58	113,87	69,58	113,87	69,58	113,87	69,58

Grundlage für den Lohnsteuerabzug, den der Arbeitgeber bei der Lohnzahlung vornimmt, war die **Lohnsteuerkarte**, die 2010 zum letzen Mal ausgestellt wurde und auch für das Jahr 2011 gilt.

Sie enthielt Angaben über Familienstand und Zahl der Kinder, Steuerklassen, Religionszugehörigkeit und Freibeträge und wurde dem Arbeitgeber zur Berechnung des Lohnsteuerabzugs vorgelegt.

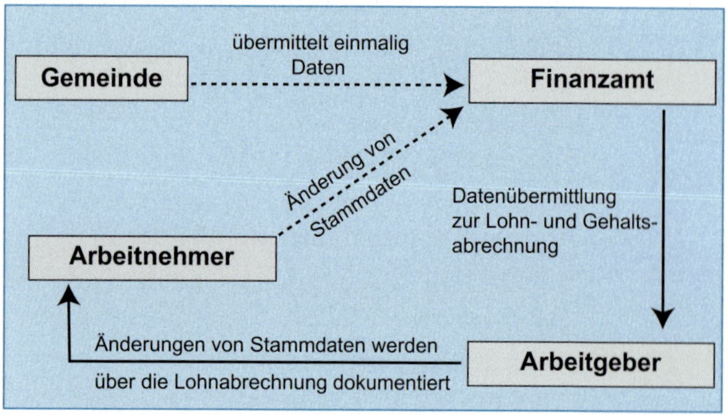

Für jedes Kind kann ein Kinderfreibetrag beantragt werden. Erzielen beide Ehepartner Einkommen, so kann sich jeder 0,5 Kinderfreibeträge pro Kind eintragen lassen. In der Steuerklasse V gibt es keinen Kinderfreibetrag.

Ab 2012 beschleunigt das neue **elektronische Verfah-**

ren zum Lohnsteuerabzug den Kontakt zwischen Arbeitnehmern, Arbeitgebern und dem Finanzamt. Der Arbeitgeber erhält die Lohnsteuerabzugmerkmale direkt von der Finanzverwaltung. Dazu benötigt er nur noch das Geburtsdatum und die steuerliche Identifikationsnummer des Abeitnehmers. Der Arbeitnehmer wird mit Beginn des elektronischen Verfahrens über seine erstmalig gebildeten Lohnsteuerabzugsmerkmale informiert. Alle künftigen Änderungen sind aus der Lohnabrechnung des Arbeitgebers ersichtlich.

5.3.2 Ermittlung der Sozialversicherungsabzüge

Die Beiträge zur gesetzlichen Sozialversicherung bestehen aus der **Kranken-, Pflege-, Renten- und Arbeitslosenversicherung**. Sie sind grundsätzlich abhängig vom Bruttoarbeitslohn. Die **Beitragsbemessungsgrenzen** sorgen jedoch dafür, dass die Beiträge nur bis zu einer bestimmten Höhe des Arbeitsentgelts berechnet werden. Sie werden als Anpassung an die Lohn- und Gehaltsentwicklung jährlich neu festgelegt.

Die unterschiedlichen Beitragssätze werden in der Regel jeweils zur Hälfte vom Arbeitnehmer (Arbeitnehmeranteil) und vom Arbeitgeber (Arbeitgeberanteil) getragen. Für die Krankenversicherung müsen die Arbeitnehmer jedoch einen Sonderbeitrag von 0,9 % für Zahnersatz (0,4 %) und Krankengeld (0,5 %) zahlen. Somit werden die Arbeitnehmer mit 8,2 % und die Arbeitgeber mit 7,3 % belastet

Für die Pflegeversicherung zahlen kinderlose Arbeitnehmer einen Zuschlag von 0,25 %.

Seit dem 01.01.2006 sind sämtliche Beiträge für die Sozialversicherung bereits am drittletzten Bankarbeitstag des laufenden Monats an die Krankenkassen abzuführen. Ziel dieser Regelung ist aus volkswirtschaftlicher Sicht, die Finanzsituation der Sozialversicherungsträger dadurch zu verbessern, dass die ihnen zustehenden Beiträge unverzüglich als liquide Mittel zur Verfügung stehen.

Im Vergleich zur alten Regelung, bei der diese Beträge erst bis zum 15. des Folgemonats fällig waren, ergeben sich für die Arbeitgeber Nachteile. Die Neuregelung führte zunächst dazu, dass die Arbeitgeber im Januar 2006 Sozialversicherungsbeiträge zweifach entrichten mussten (die Beiträge für Dezember 2005 bis zum 15.01.2006 und die für Januar 2006 bis zum 27.01.2005). Allerdings wurde dadurch nicht nur im Januar die Liquidität belastet: Die Arbeitgeber haben ihre Liquiditätsplanung dauerhaft anzupassen, da mit Einführung der jetzigen Regelung diese Liquidität 14 Tage früher als zuvor abfließt. Als problematisch - so zahlreiche Rückmeldungen aus der Praxis - erweist sich auch, dass den Arbeitgebern in vielen Fällen eine sichere Berechnungsgrundlage fehlt: Sofern den Arbeitnehmern kein festes Gehalt gezahlt wird, z. B. also bei Löhnen und variablen Gehaltsbestandteilen wie Prämien etc., kann der Arbeitgeber die Sozialversicherungsbeiträge nur hochrechnen - und alle „Fehler", die sich bei einer Schätzung zwangsläufig einstellen, sind dann im Folgemonat auf der Basis der bis dahin vorliegenden tatsächlichen Daten zu korrigieren. Es ist leicht vorstellbar, dass dieses Verfahren den Verwaltungsaufwand (auch) auf der Arbeitgeberseite deutlich erhöht hat.

Beitragssätze und Beitragsbemessungsgrenzen (Stand 2011)		
Versicherungszweig	**Beiträge**	**monatliche Beitragsbemessungsgrenzen**
Krankenversicherung (KV)	• einheitlicher Beitragssatz von 15,5 % • Arbeitnehmer 8,2 % Arbeitgeber 7,3 %	3.712,50 EUR (Versicherungspflichtgrenze 4125,00 EUR)
Pflegeversicherung (PV)	• 1,95 % • Arbeitnehmer 0,975 % Arbeitgeber 0,975 % (Ausnahme Sachsen: AN tragen 1,475 %, AG die übrigen 0,475 %) • 0,25 % Zusatzbeitrag für Kinderlose von 23. Lebensjahr	3.712,50 EUR
Rentenversicherung (RV)	• 19,9 % • Arbeitnehmer 9,95 % Arbeitgeber 9,95 %	5.500,00 EUR (West) 4.800,00 EUR (Ost)
Arbeitslosenversicherung (ALV)	• 3 % • Arbeitnehmer 1,5 % Arbeitgeber 1,5 %	5.500,00 EUR (West) 4.800,00 EUR (Ost)

Für die Berechnung der monatlichen Lohn- und Gehaltszahlung können Abzugstabellen genutzt werden, die jeweils den Arbeitnehmeranteil der Sozialversicherungszweige ausweisen.

5.3.3 Erstellen einer Lohn- und Gehaltsabrechnung

Für die Erstellung einer Lohn- und Gehaltsabrechnung sind eine Reihe von Unterlagen erforderlich. Dazu gehören z. B.:

- gültige Tarifverträge bzw. Arbeitsverträge
- Personalstammblatt
- Lohnsteuermerkmale
- Tabellen zur Ermittlung von Lohnsteuer, Kirchensteuer und Solidaritätszuschlag
- gegebenenfalls Lohnbelege.

Der Arbeitgeber muss für jeden Arbeitnehmer und für jedes Kalenderjahr ein **Lohnkonto** führen. Es enthält Angaben über z. B.:

- persönliche Daten des Arbeitnehmers (lt. Lohnsteuerkarte)
- Bruttoarbeitslohn mit Zulagen und Zuschlägen
- steuerfreie Bezüge
- Abzüge: Lohnsteuer, Solidaritätszuschlag, Kirchensteuer, Krankenversicherung, Pflegeversicherung, Rentenversicherung und Arbeitslosenversicherung
- Vorschüsse
- Auszahlungsbetrag.

Die Abrechnung von Löhnen und Gehältern wird in der Regel mit Hilfe der **elektronischen Datenverarbeitung** erledigt. Ein Fülle von geeigneten Programmen steht zur Verfügung, die eine zuverlässige, schnelle und komfortable Ermittlung von Lohn- und Kirchensteuer, Solidaritätszuschlag sowie Arbeitnehmer- und Arbeitgeberanteil zur Sozialversicherung gewährleisten. Die Zahlung von steuerfreien Zuschlägen, Vermögenswirksamen Leistungen, geldwerten Vorteilen etc. werden berücksichtigt. Alle wichtigen Unterlagen, die der Betrieb, das Finanzamt oder die Krankenkassen benötigen wie Lohnkonten, elektronische Lohnsteueranmeldungen, Beitragsnachweise und vieles mehr, können mit wenig Aufwand erstellt und gedruckt werden.

In den meisten Fällen ist die elektronische Datenverarbeitung in eine umfassende Unternehmenssoftware integriert. So können die Daten automatisch in die Finanzbuchhaltung übernommen und Zahlungsvorgänge online abgewickelt werden.

Eine Lohn- und Gehaltsabrechnung kann üblicherweise nach folgendem Schema vorgenommen werden:

Beispiel: Gehaltsabrechnung für November, 20..
Name: Herbert Spörl, Filialleiter, Personal-Nr.: 3150559

✓ Lohn/Gehalt	3.500,00 EUR
✓ Steuerklasse	Drei
✓ Kinderfreibetrag	1,0
✓ Konfession	rk
✓ Geburtsdatum	14.09.1986
✓ Vermögenswirksame Leistung	monatlich 40,00 EUR (Arbeitgeberanteil lt. Tarifvertrag)

Abgaben an die Sozialversicherung				
	Arbeitgeberanteil		Arbeitnehmeranteil	
Krankenversicherung 15,5 %	7,3 %	258,42	8,2 %	290,28
Pflegeversicherung 1,95 %	0,975 %	34,52	0,975 %	34,52
Rentenversicherung 19,9 %	9,95 %	352,23	9,95 %	352,23
Arbeitslosenversicherung 3,0 %	1,5 %	53,10	1,5 %	53,10

Reifenhandlung Heinrich Felge			
Gehaltsabrechnung		**Monat:**	November
Name:	Herbert Spörl	**Personal-Nr.:**	3150559
Geb.-Datum	14.09.1986		
Steuerklasse	III	**Kinderfreibetrag:**	1,0

Bruttogehalt lt. Arbeitsvertrag/Tarifvertrag		3.500,00 EUR
+ Vermögenswirksame Leistung AG-Zulage		40,00 EUR
+ Sonderzahlungen/Zulagen		0,00 EUR
= Sozialversicherungspflichtiges Bruttogehalt		**3.540,00 EUR**
- Steuerfreibetrag		0,00 EUR
= Steuerpflichtiges Bruttogehalt		**3.540,00 EUR**
- Lohnsteuer	419,16 EUR	
- Kirchensteuer	26,37 EUR	
- Solidaritätszuschlag	16,11 EUR	
Summe Steuern		**461,64 EUR**
- Krankenversicherung (AN-Anteil 8,2 %)	290,28 EUR	
- Pflegeversicherung (AN-Anteil 0,975 %)	34,52 EUR	
- Rentenversicherung (AN-Anteil 9,95 %)	352,23 EUR	
- Arbeitslosenversicherung (AN-Anteil 1,5 %)	53,10 EUR	
Summe Sozialversicherungen		**730,13 EUR**
= Nettogehalt		**2348,23 EUR**
- Vermögenswirksame Leistungen		40,00 EUR
= Auszahlungsbetrag		**2308,23 EUR**

5.3.4 Geringfügig entlohnte Beschäftigungsverhältnisse

Als **geringfügig beschäftigt** gelten Mitarbeiter, deren **monatliches Arbeitsentgelt** regelmäßig **400,00 EUR** unabhängig von der wöchentlichen Arbeitszeit nicht übersteigt.

Der **Arbeitnehmer** ist dann von der Steuer- und Sozialversicherungspflicht befreit. Der **Arbeitgeber** zahlt für den Arbeitnehmer einen Pauschalbetrag von 25 % des Arbeitsentgelts für Sozialversicherung und Steuer an die Bundesknappschaft als Einzugsorgan.

Von den 25 % Pauschalbetrag entfallen **12 %** auf die **Rentenversicherung**, auf die **Krankenversicherung 11 %** und mit den restlichen **2 %** werden die steuerlichen Ansprüche von **Lohn-, Kirchensteuer und Solidaritätszuschlag** abgegolten.

Der **Entgeltbereich** zwischen **400,01 EUR** und **800,00 EUR** ist anders geregelt: Steuerliche Besonderheiten werden nicht mehr gewährt, aber der Gesetzgeber definiert eine so genannte sozialversicherungsrechtliche Gleitzone, die den Arbeitnehmer bei den Sozialversicherungen gleitend günstiger stellt.

Die Berechnung des AG- bzw. AN-Anteils an der Sozialversicherung beschreibt folgendes Schema:

1. Ein festgelegter **Gesamtbeitragssatz** (AG- und AN-Anteil, ohne Sonderbeiträge) - 40,35 % für nicht Kinderlose und 40,6 % für Kinderlose (Stand 2011)

   wird multipliziert mit

2. einer festgelegten **Bemessungsgrundlage** - z. Zt.:
   Bemessungsgrundlage = 297,40 + 1,2565 • (Arbeitsentgelt - 400)

und ergibt den **Gesamtversicherungsbeitrag**.

Der **Arbeitgeber** zahlt nun den vollen Beitrag (19,725 % auf das Arbeitsentgelt), der **Arbeitnehmer** lediglich die Differenz zum Gesamtversicherungsbetrag.

Beispiel: Arbeitsentgelt 650,00 EUR (kinderlos)

Gesamtversicherungsbetrag:	246,75 EUR (= 40,35 % der Bemessungsgrundlage: 611,53 EUR)
Arbeitgeberanteil:	128,21 EUR (= 19,725 % von 650,00 EUR)
Arbeitnehmeranteil:	118,54 EUR (= Differenz zum Gesamtversicherungsbetrag)

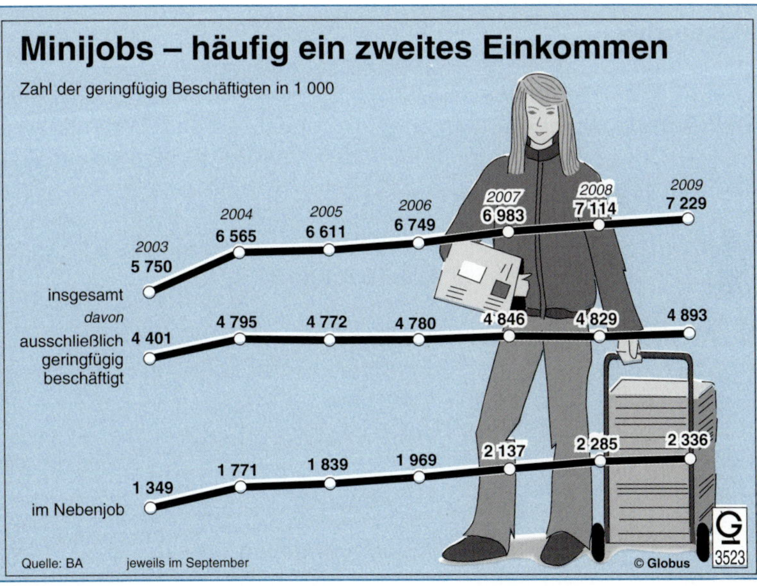

6 Beendigung von Arbeitsverhältnissen

Eine Vielzahl von Gründen kann zur Beendigung von Arbeitsverhältnissen führen: Arbeitnehmer streben einen Betriebs- oder Berufswechsel an, Arbeitgeber nutzen die Möglichkeiten des Abbaus von Personal bei zu hohem Personalbestand oder mangelnder Qualifikation der Mitarbeiter, das Vertrauensverhältnis zwischen den Parteien ist gestört...

Handelt es sich um ein **befristetes Arbeitsverhältnis**, so endet dieses von selbst mit Ablauf der vertraglich vereinbarten Frist. **Unbefristete Arbeitsverhältnisse** können von beiden Seiten unter Beachtung der gesetzlichen Vorgaben gekündigt werden. Zur Vermeidung einer Kündigung wird häufig auch ein **Aufhebungsvertrag** in gegenseitigem Einvernehmen geschlossen.

Bei Beendigung des Arbeitsverhältnisses sind verschiedene Entlassformalitäten zu beachten. Dazu gehören z. B. die Aushändigung

- der elektronischen Lohnsteuerbescheinigung (2011) bzw. Lohnabrechnung
- des Versicherungsnachweises (Abmeldung bei der Krankenkasse durch Arbeitgeber)
- einer Urlaubsbescheinigung (bereits genommener Urlaub wird beim nächsten Arbeitsverhältnis angerechnet)
- einer Arbeitsbescheinigung mit Art, Beginn und Ende der Tätigkeit (u. a. zur Berechnung von Arbeitslosengeld).

Häufig wird die Aushändigung der Arbeitspapiere mit einer **Ausgleichsquittung** verbunden, in der sich die Partner versichern, keine weiteren Ansprüche zu erheben.

Insbesondere kann der Arbeitnehmer auch ein **schriftliches Arbeitszeugnis** verlangen.

6.1 Arbeitszeugnis

Der Arbeitnehmer hat am Ende des Arbeitsverhältnisses grundsätzlich einen Anspruch auf ein Arbeitszeugnis, das ihm zeitnah erteilt werden muss; gegebenenfalls besteht auch zu einem früheren Zeitpunkt bei berechtigtem Interesse (z. B. Bewerbung, Änderung der bisherigen Arbeitsaufgabe bzw. Beförderung) ein Anspruch auf ein Zwischenzeugnis.

In der Praxis haben sich zwei Formen von Arbeitszeugnissen entwickelt: das **einfache Arbeitszeugnis** und das **qualifizierte Arbeitszeugnis**.

Das einfache Arbeitszeugnis dient in der Regel dazu, die Lückenlosigkeit der beruflichen Tätigkeit zu belegen, und enthält mindestens Angaben zur

- Person
- Dauer der Beschäftigung und
- Art der Beschäftigung.

Das qualifizierte Arbeitszeugnis kann Aufschluss geben über die unter Beweis gestellten Qualifikationen, über Verhalten, Führung und berufliche Entwicklung. Es enthält Angaben zur

- Person
- Dauer der Beschäftigung
- Art der Beschäftigung und
- Führung und Leistung.

Die Aussagen im Arbeitszeugnis müssen der Wahrheit entsprechen sowie verständlich und klar in der Formulierung sein. Direkt negative Beurteilungen sind aber unzulässig. In der Praxis hat sich ein so genannter „Zeugniscode" mit positiven Formulierungen entwickelt, die auf die tatsächliche Bewertung von Arbeitnehmern schließen lassen.

Arbeitszeugnis: Formulierungen (Quelle: IG-Metall, http:/www.igm-ulm.de)

Formulierungen	Was sie bedeuten:
Er/Sie hat sich im Rahmen seiner/ihrer Fähigkeiten eingesetzt.	*Er/Sie hat getan, was er/sie konnte. Das war aber nicht viel - und viel ist dabei auch nicht rausgekommen.*
Er/Sie hat alle Arbeiten mit großem Fleiß und Interesse erledigt.	*Er/Sie war eifrig, aber eben nicht besonders tüchtig.*
Er/Sie zeigte für seine/ihre Arbeit Verständnis.	*Er/Sie war faul und hat nichts geleistet.*
Er/Sie hat alle Arbeiten ordnungsgemäß erledigt.	*Er/Sie ist ein(e) Bürokrat(in); Eigeninitiative ist ein Fremdwort.*
Er/Sie war wegen seiner/ihrer Pünktlichkeit ein gutes Vorbild.	*Er/Sie war ein Totalausfall; die Leistungen waren völlig unzureichend.*
Die Aufgaben, die ihm/ihr übertragen waren, erledigte er/sie zu unserer Zufriedenheit.	*Ihm/Ihr konnten nur bestimmte (leichte) Aufgaben übertragen werden.*
Er/Sie hat sich stets um gute Verbesserungsvorschläge bemüht.	*Er/Sie ist ein Besserwisser, der seine Fachkenntnisse (soweit vorhanden) nicht in die Praxis umsetzen kann.*
Er/Sie hat gewissenhaft gearbeitet.	*Er/Sie ist zur Arbeit gekommen, hat aber nichts geleistet.*
Im Kollegenkreis galt er/sie als toleranter/tolerante Mitarbeiter/in.	*Mit seinen Vorgesetzten hatte er/sie Probleme.*
Durch seine/ihre Geselligkeit trug er/sie zur Verbesserung des Betriebsklimas bei.	*Deutlicher Hinweis darauf, dass er/sie im Dienst Alkohol trank.*
Für die Belange der Belegschaft bewies er/sie Einfühlungsvermögen.	*Er/Sie suchte sexuelle Kontakte im Betrieb.*
Er/Sie wusste sich gut zu verkaufen.	*Er/Sie war rechthaberisch und tat wichtig.*
Wir haben ihn/sie als zuverlässige(n) Mitarbeiter(in) kennen gelernt.	*Er/Sie war nicht sehr beliebt.*
Wir lernten ihn/sie als umgängliche(n) Kollegen(in) kennen.	*Im Allgemeinen sah man ihn/sie lieber gehen als kommen.*

Zusammenfassende Beurteilung	
Er/Sie erledigte seine/ihre Aufgaben stets zu unseren vollsten Zufriedenheit. Seine/Ihre Leistungen waren stets sehr gut. Er/Sie arbeitete stets gewissenhaft und pflichtbewusst und erledigte sämtliche Arbeiten sehr gut. Er/Sie hat unseren Erwartungen in jeder Hinsicht optimal entsprochen; wir waren mit ihm/ihr stets sehr zufrieden. Er/Sie war äußerst pflichtbewusst, zuverlässig und verschwiegen und erledigte die ihm/ihr übertragenen Aufgaben immer zu unserer vollsten Zufriedenheit. Seine/Ihre ausgezeichneten Leistungen haben unseren höchsten Ansprüchen jederzeit absolut entsprochen.	**sehr gut**
Er/Sie hat seine/ihre Aufgaben stets zu unseren vollen Zufriedenheit erfüllt. Seine/Ihre Leistungen waren sehr gut. Er/Sie erledigte seine/ihre Aufgaben gewissenhaft und pflichtbewusst und zu unserer vollsten Zufriedenheit. Seine/Ihre Leistungen fanden stets unsere volle Anerkennung. Wir waren mit seinen/ihren Leistungen immer sehr zufrieden. Er/Sie hat unseren Erwartungen in jeder Hinsicht bestens entsprochen. Er/Sie hat die ihm/ihr übertragenen Arbeiten zu unserer vollen Zufriedenheit erledigt.	**gut**
Wir waren mit seiner/ihrer Leistung jederzeit zufrieden. Er/Sie hat unseren Erwartungen in jeder Hinsicht entsprochen. Er/Sie erledigte seine/ihre Aufgaben stets pflichtbewusst und umsichtig, so dass wir mit seinen/ihren Leistungen voll zufrieden waren. Er/Sie hat die ihm/ihr übertragenen Aufgaben zu unserer Zufriedenheit erledigt.	**befriedigend**
Wir waren mit seinen/ihren Leistungen zufrieden. Er/Sie hat zufriedenstellend gearbeitet. Er/Sie hat unseren Erwartungen entsprochen. Seine/Ihre Leistungen hat unseren Anforderungen entsprochen. Er/Sie hat die ihm/ihr übertragenen Arbeiten im Großen und Ganzen zu unserer Zufriedenheit erledigt.	**ausreichend**
Seine/Ihre Leistungen entsprachen weitgehend unseren Erwartungen. Er/Sie erledigte die ihm/ihr übertragenen Aufgaben mit der ihm/ihr eigenen Sorgfalt und Genauigkeit. Er/Sie war stets bemüht, unseren Anforderungen gerecht zu werden.	**mangelhaft**

6.2 Arten der Beendigung des Arbeitsverhältnisses

Ein Arbeitsverhältnis kann grundsätzlich durch **Vertragsablauf**, durch **Aufhebungs-** bzw. **Auflösungsvertrag** oder durch **Kündigung** beendet werden.

Ist der Arbeitsvertrag befristet, so endet das Arbeitsverhältnis automatisch mit Vertragsablauf. Ist die Dauer des Arbeitsverhältnisses weder bestimmt, noch aus der Beschaffenheit oder dem Zwecke der Dienste zu entnehmen, so kann es von den Vertragspartnern unter Berücksichtigung der gesetzlichen Vorschriften (z. B. Kündigungsfristen) gekündigt werden. Zur Vermeidung einer Kündigung wird in der Praxis häufig ein Aufhebungsvertrag im gegenseitigen Einvernehmen zwischen Arbeitgeber und Arbeitnehmer geschlossen. Das Arbeitsverhältnis endet dann zum vereinbarten Zeitpunkt.

Eine Kündigung ist eine einseitige Erklärung des Arbeitgebers oder des Arbeitnehmers zur Beendigung des Arbeitsverhältnisses. Sie muss dem Vertragspartner in schriftlicher Form zugegangen sein, damit sie rechtswirksam ist (Einschreiben ist zu empfehlen).

Bei jeder Kündigung hat grundsätzlich der **Betriebsrat** folgende Mitwirkungsrechte nach Betriebsverfassungsgesetz (§ 102 BetrVG):

- Der Betriebsrat ist vor jeder Kündigung zu hören.
- Der Arbeitgeber hat ihm die Gründe für die Kündigung mitzuteilen.
- Eine ohne Anhörung des Betriebsrates ausgesprochene Kündigung ist unwirksam.

Im Rahmen seiner Mitbestimmungsrechte hat der Betriebsrat die Möglichkeit, der Kündigung begründet zu widersprechen (z. B. bei nicht ausreichender Berücksichtigung sozialer Gesichtspunkte). Soll aus betriebsbedingten Gründen eine größere Anzahl von Mitarbeitern entlassen werden, so ist - in Abhängigkeit von der Anzahl der Mitarbeiter (§ 112 f. BGB) - mit dem Betriebsrat ein **Sozialplan** zu vereinbaren (vgl. Kapitel 4.1.3).

Für die Beendigung des Arbeitsverhältnisses besteht grundsätzlich die Möglichkeit einer **ordentlichen Kündigung** mit Einhaltung einer Kündigungsfrist und, wenn schwerwiegende Gründe vorliegen, einer **außerordentlichen Kündigung** ohne Einhaltung einer Kündigungsfrist.

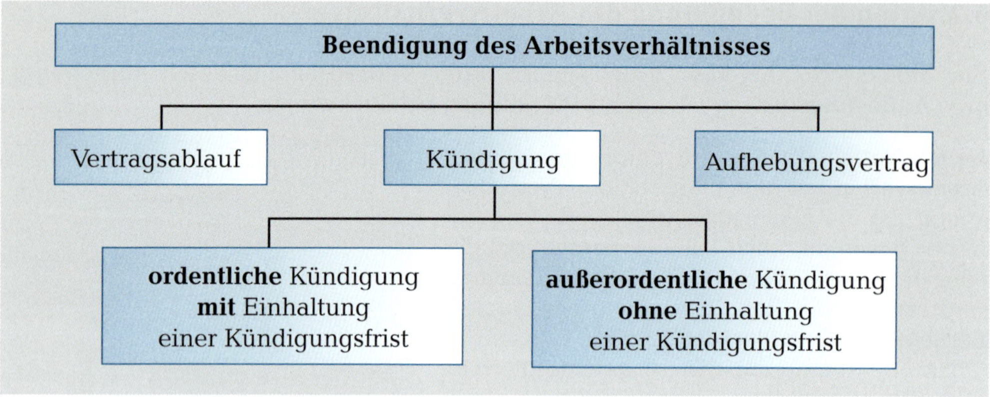

6.2.1 Ordentliche Kündigung

Eine ordentliche Kündigung kann durch den **Arbeitnehmer** ohne besonderen Grund unter Berücksichtigung der Kündigungsfristen wirksam erklärt werden (Grundsatz der Kündigungsfreiheit). Das Kündigungsschutzgesetz schränkt den Grundsatz der Kündigungsfreiheit für den **Arbeitgeber** in Betrieben mit mehr als 10 Mitarbeitern und für Arbeitsverhältnisse, die länger als sechs Monate bestehen, allerdings ein (§§ 1 und 23 KSchG). Danach kann das Arbeitsverhältnis ordentlich nur durch eine sozial gerechtfertigte Kündigung mit Einhaltung der Kündigungsfrist wirksam beendet werden. Sozial gerechtfertigt sind Kündigungen, die in der **Person** oder im **Verhalten** des Arbeitnehmers liegen oder **betriebsbedingt** sind.

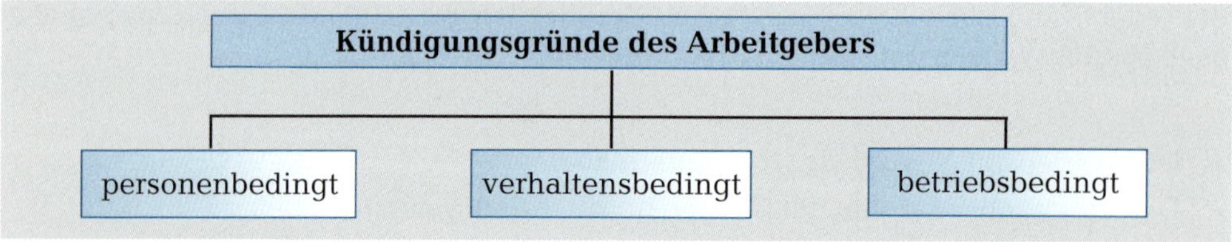

- **Personenbedingte Kündigung**: Gründe liegen in der Person des Arbeitnehmers und können von diesem in der Regel nicht verändert oder beeinflusst werden (z. B. fehlende Fähigkeiten und Eigenschaften, dauerhaft verminderte Leistungsfähigkeit, Krankheit). Damit die Kündigung wirksam wird, sind eine Interessenabwägung unter Berücksichtigung der Einzelfallumstände (z. B. erhebliche Beeinträchtigung des Betriebes, Dauer der Betriebszugehörigkeit des Arbeitnehmers) sowie - bei Krankheiten - eine negative Prognose (dauerhafte Leistungsunfähigkeit) erforderlich.

- **Verhaltensbedingte Kündigung**: Gründe liegen im Verhalten des Arbeitnehmers. Es handelt sich insbesondere um Vertragspflichtverletzungen, die er ändern könnte, wenn er wollte (z. B. Unpünktlichkeit, Arbeitsverweigerung, Beleidigungen, eigenmächtiger Urlaubsantritt, unentschuldigtes Fehlen, unerlaubte Internetnutzung, Diebstahl, Straftaten, Verletzung der Geheimhaltungspflicht). Bei verhaltensbedingter Kündigung ist grundsätzlich eine vorherige Abmahnung erforderlich. Interessenabwägung (z. B. Umfang der betrieblichen Nachteile und Grad des Verschuldens durch Arbeitnehmer) und Negativprognose (Wiederholungsgefahr) sind weitere Voraussetzungen für eine wirksame Kündigung.

- **Betriebsbedingte Kündigung**: Gründe liegen in dringenden betrieblichen Erfordernissen, die einer Weiterbeschäftigung des Arbeitnehmers entgegenstehen (z. B. Rationalisierung, Auftragsrückgang, Rohstoffmangel, Wegfall von Arbeitsplätzen und keine weitere Beschäftigungsmöglichkeit in demselben Betrieb). Bei betriebsbedingten Kündigungen muss eine Sozialauswahl erfolgen, d. h. diejenigen Arbeitnehmer werden ausgewählt, die vom Arbeitsplatzverlust am wenigsten hart getroffen werden. Im Kündigungsschutzgesetz sind verbindliche Kriterien für die Sozialauswahl genannt (§ 1 KSchG):
    - Dauer der Betriebszugehörigkeit
    - gesetzliche Unterhaltspflichten
    - Lebensalter
    - Schwerbehinderung.

Der Arbeitnehmer hat bei Beendigung des Arbeitsverhältnisses Anspruch auf eine **Abfindung** in Höhe von 0,5 Monatsverdiensten für jedes Jahr des Bestehens des Arbeitsverhältnisses (§ 1a KSchG).

Die genannten Regelungen des Kündigungsschutzgesetzes gelten nach der Neufassung des § 23 KSchG für Betriebe mit in der Regel mehr als 10 Mitarbeitern.

Kündigungsfristen

Eine ordentliche Kündigung ist an die Einhaltung gesetzlicher und vertraglicher Kündigungsfristen gebunden. Ist im Tarifvertrag oder Arbeitsvertrag keine Vereinbarung über die Kündigungsfrist getroffen, so gelten für **Arbeitnehmer und Arbeitgeber** die gesetzlichen Kündigungsfristen nach BGB (§ 622 BGB):

Kündigung in der Probezeit	Frist: **2 Wochen**
Kündigung nach der Probezeit	Frist: **4 Wochen** zum **15.** oder zum **Ende** eines **Kalendermonats**

Bei längerer Betriebszugehörigkeit gelten für die Kündigung durch den **Arbeitgeber** verlängerte Kündigungsfristen in Abhängigkeit von der Dauer des Beschäftigungsverhältnisses:

Betriebszugehörigkeit	Kündigungsfrist
2 Jahre	1 Monat zum Ende des Kalendermonats
5 Jahre	2 Monate zum Ende des Kalendermonats
8 Jahre	3 Monate zum Ende des Kalendermonats
10 Jahre	4 Monate zum Ende des Kalendermonats
12 Jahre	5 Monate zum Ende des Kalendermonats
15 Jahre	6 Monate zum Ende des Kalendermonats
20 Jahre	7 Monate zum Ende des Kalendermonats

Laut BGB werden bei der Berechnung der Beschäftigungsdauer Zeiten, die vor der Vollendung des 25. Lebensjahres liegen, nicht berücksichtigt. Die Regelung verstößt jedoch nach der Rechtsprechung des Europäischen Gerichtshofs (EuGH) gegen das Allgemeine Gleichbehandlungsgesetz (AGG).

Ein besonderer Kündigungsschutz besteht u. a. für folgende Personengruppen:

Schwangere einschließlich Mutterschutz (§ 9 MuSchG; § 18 BEEG)	während der Schwangerschaft und bis zum Ablauf von vier Monaten nach der Entbindung; während der Elternzeit ab dem Zeitpunkt, von dem Elterngeld verlangt wird (Kündigungsverbot gilt gleichermaßen für Frauen und Männer.)
Betriebsräte, Jugend- und Auszubildendenvertreter (§ 15 KSchG)	während der Amtszeit und innerhalb eines Jahres nach Beendigung der Amtszeit
Schwerbehinderte (§§ 85 ff. SGB IX)	Kündigungsschutz ab sechs Monaten Beschäftigungsdauer; Kündigung nur nach Zustimmung des Integrationsrates (früher: Fürsorgestelle) möglich

6.2.2 Außerordentliche Kündigung

Eine außerordentliche Kündigung ist eine **fristlose** Kündigung aus wichtigem Grund. Das Arbeitsverhältnis kann von Arbeitgeber oder Arbeitnehmer ohne Einhaltung einer Kündigungsfrist gekündigt werden, wenn Tatsachen vorliegen, aufgrund derer dem Kündigenden die Fortsetzung des Arbeitsverhältnisses bis zum Ablauf der Kündigungsfrist nicht zugemutet werden kann (§ 626 BGB).

Eine wirksame Kündigung muss innerhalb von zwei Wochen nach Kenntnis der für die Kündigung maßgebenden Tatsachen erfolgen. Der Betriebsrat ist zu hören.

Gründe für eine außerordentliche Kündigung können im **Verhaltens-** oder **Leistungsbereich** und im **Vertrauensbereich** liegen.

- Zu Störungen im **Verhaltens- und Leistungsbereich** gehören insbesondere (schuldhafte) Verletzungen der Arbeitspflicht oder der Vergütungspflicht. Eine wirksame Kündigung seitens des Arbeitgebers ist nur nach vorheriger **erfolgloser Abmahnung** möglich.

- Zu Störungen im **Vertrauensbereich** gehören insbesondere strafbare Handlungen gegenüber dem Arbeitgeber (z. B. Diebstahl, Unterschlagung) und gegenüber anderen Mitarbeitern (z. B. Tätlichkeiten, sexuelle Belästigungen). Eine vorherige Abmahnung ist rechtlich nicht erforderlich, wird aber häufig als letzte Möglichkeit genutzt.

Ein **besonderer Kündigungsschutz** besteht auch bei außerordentlicher Kündigung für Schwangere, Schwerbehinderte und Betriebsräte.

7 Exkurs: Entscheidungsbefugnisse von Mitarbeitern

Die Unternehmensleitung hat grundsätzlich das Recht und die Verantwortung, Entscheidungen zur Führung des Unternehmens (Geschäftsführungsbefugnis) zu treffen und Rechtsgeschäfte mit Dritten (Vertretungsbefugnis) abzuschließen. Je nach Rechtsform der Unternehmung wird diese Führungsaufgabe vom Eigentümer, von Geschäftsführern oder Vorstandsmitgliedern wahrgenommen. Die Unternehmensleitung i. e. S. bezieht sich im Allgemeinen - zumindest in größeren Unternehmen - nur auf solche Instanzen an der Spitze der Unternehmung (Top-Management), deren Wirkungsbereich sich auf die Gesamtunternehmung erstreckt. Vielfältige Führungsaufgaben auf den nachgeordneten Führungsebenen (Middle-Management und Lower-Management) sowie die Fülle von Rechtsgeschäften auf der Ausführungsebene (z. B. Abschluss von Kaufverträgen) erfordern die Übertragung von Aufgaben auf kompetente Mitarbeiter. Diese sind mit den notwendigen Vollmachten auszustatten.

Der Umfang einer Vollmacht kann vom Vollmachtgeber grundsätzlich frei bestimmt werden (§§ 164 ff. BGB). Für die besonderen Erfordernisse der handelsrechtlichen Stellvertretung in der betrieblichen Praxis regelt das Handelsgesetzbuch (§§ 48 ff. HGB) zwei Arten von Vollmachten: **Prokura** und **Handlungsvollmacht**. Hinsichtlich des Umfangs der Handlungsvollmacht ist zu unterscheiden: **Allgemeine Handlungsvollmacht, Artvollmacht** und **Einzelvollmacht**.

7.1 Prokura

Die Prokura ist die weitestgehende handelsrechtliche Vollmacht mit gesetzlich festgelegtem Umfang. Sie kann nur von dem Inhaber des Handelsgeschäftes oder seinem Vertreter durch ausdrückliche Erklärung erteilt werden (§§ 48 f. HGB) und ist zur Eintragung in das Handelsregister anzumelden.

Die **Prokura** ermächtigt zu allen Arten von gerichtlichen und außergerichtlichen Geschäften und Rechtshandlungen, die der Betrieb **irgendeines** Handelsgewerbes mit sich bringt.

Der Umfang der Prokura wird vom Gesetz jedoch eingeschränkt.

➢ nur mit besonderer Befugnis erlaubte Handlungen	• Veräußerung von Grundstücken • Belastung von Grundstücken
➢ gesetzlich ausgeschlossene Handlungen	• Unterschreiben von Bilanzen und Steuererklärungen • Anmeldungen von Eintragungen ins Handelsregister • Aufnahme von Gesellschaftern • Erteilung von Prokura • Beantragung des Insolvenzverfahrens • Verkauf der Unternehmung

Eine weitere Beschränkung der Prokura ist im Außenverhältnis unwirksam. Die Prokura wird wirksam, sobald sie ins Handelsregister eingetragen wurde oder ein Dritter davon Kenntnis erlangt hat.

Im Innenverhältnis können jedoch weitere Beschränkungen hinsichtlich der selbstständigen Ausübung vereinbart werden. Entsprechend unterscheidet man folgende Arten der Prokura:

Arten der Prokura		
Einzelprokura	**Gesamtprokura**	**Filialprokura**
Der Prokurist ist ermächtigt, alle Rechtsgeschäfte allein vorzunehmen.	Rechtsgeschäfte können nur von mehreren Prokuristen gemeinschaftlich vorgenommen werden.	Die Vollmacht ist auf eine bestimmte Filiale/Niederlassung beschränkt.

(Eine Beschränkung als Filialprokura ist Dritten gegenüber wirksam, wenn die Niederlassungen unter verschiedenen Firmen betrieben werden - § 50 HGB.)

Die Prokura wird im Geschäftsverkehr durch einen die Vollmacht andeutenden Zusatz zur Unterschrift deutlich gemacht: **„ppa."** (per procura). Die Prokura erlischt durch

- Widerruf
- Aufhebung des Dienstverhältnisses
- Auflösung des Unternehmens
- Tod des Bevollmächtigten (nicht jedoch durch den Tod des Inhabers).

Das Erlöschen der Prokura muss ins Handelsregister eingetragen werden.

7.2 Handlungsvollmacht

Jede andere im Betrieb eines Handelsgewerbes erteilte Vollmacht, die keine Prokura ist, wird als Handlungsvollmacht bezeichnet. Die Erteilung kann förmlich (durch ausdrückliche mündliche oder schriftliche Äußerung) oder formlos (durch konkludentes Handeln) erfolgen und ist nicht in das Handelsregister einzutragen.

Die **allgemeine Handlungsvollmacht** ermächtigt zu allen Arten von Geschäften und Rechtshandlungen, die der Betrieb eines **derartigen** Handelsgewerbes **gewöhnlich** mit sich bringt.

Auch der Umfang der Handlungsvollmacht wird vom Gesetz näher umschrieben (§ 54 HGB). Zur Durchführung folgender Rechtsgeschäfte ist der Handlungsbevollmächtigte nur ermächtigt, wenn ihm eine solche Befugnis ausdrücklich erteilt ist:

- Veräußerung oder Belastung von Grundstücken
- Eingehen von Wechselverbindlichkeiten
- Aufnahme von Darlehen
- Führen von Gerichtsprozessen.

Die Handlungsvollmacht kann - im Gegensatz zur Prokura - auch Dritten gegenüber beschränkt werden. Der Dritte muss die Beschränkung gegen sich gelten lassen, wenn er sie kannte oder kennen musste.

Der Umfang der Handlungsvollmacht kann beliebig den Bedürfnissen des betreffenden Handelsgewerbes angepasst werden. Entsprechend unterscheidet man:

Arten der Handlungsvollmacht		
Allgemeine Handlungsvollmacht oder Generalhandlungsvollmacht	**Arthandlungsvollmacht oder Teilvollmacht**	**Spezialhandlungsvollmacht oder Einzelvollmacht**
Ermächtigung zur Vornahme aller gewöhnlichen/branchenüblichen Rechtsgeschäfte	Ermächtigung zur Vornahme wiederkehrender Rechtsgeschäfte einer bestimmten Art/üblicher Geschäfte eines Arbeitsgebiets	Ermächtigung zur Vornahme eines bestimmten einzelnen Rechtsgeschäftes/einmalige Vornahme

Die Handlungsvollmacht wird im Geschäftsverkehr durch einen die Vollmacht andeutenden Zusatz zur Unterschrift deutlich gemacht: „**i. V.**" (in Vertretung), „**i. A.**" (im Auftrag). Die Handlungsvollmacht erlischt durch Widerruf oder mit Ende des Geschäftsbetriebes.

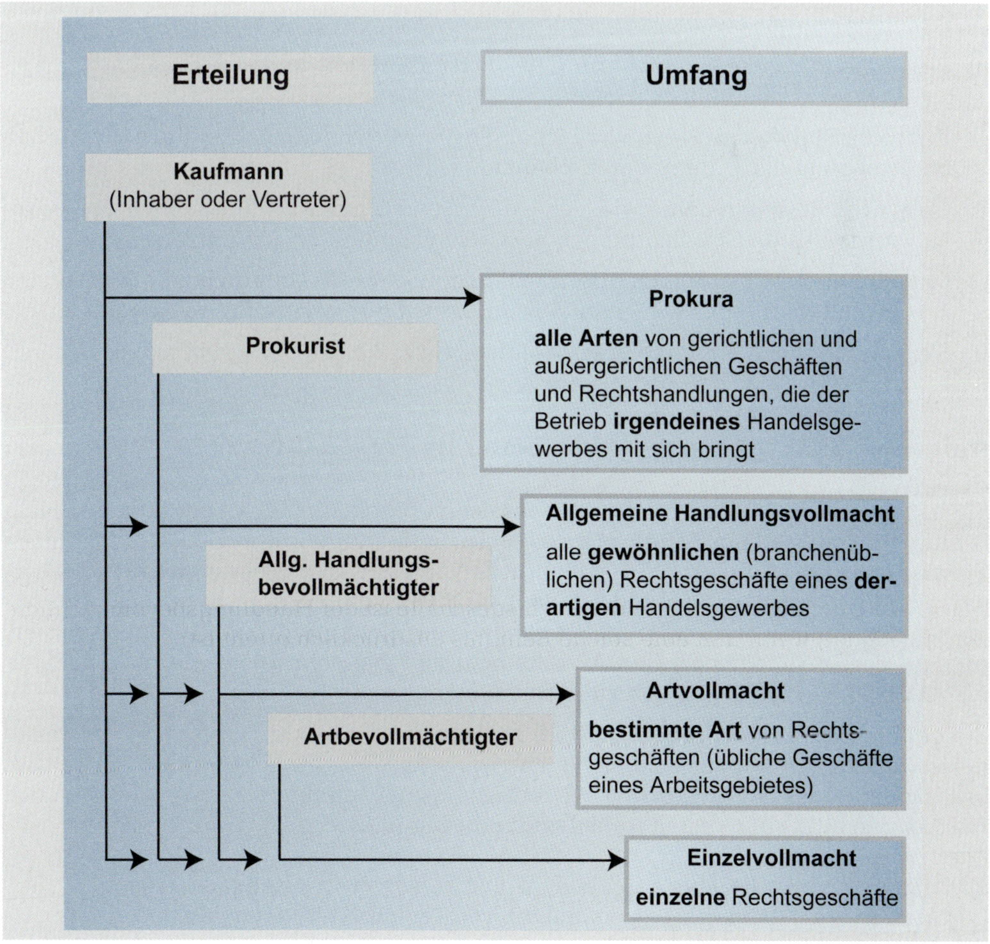

Aufgaben

1 Ziele und Aufgaben der Personalwirtschaft

Aufgabe 1.1: Überblick

a) Unterscheiden Sie Personalwirtschaft und Personalwesen.

b) Nennen Sie wesentliche Ziele der Personalwirtschaft.

c) Erklären Sie, was man unter Personalcontrolling versteht.

Aufgabe 1.2: Personalwirtschaft als betriebswirtschaftliche Funktion

Die Personalwirtschaft als betriebswirtschaftliche Funktion umfasst alle Gestaltungs- und Verwaltungsaufgaben, die sich auf die Mitarbeiter (das „Personal") beziehen.

a) Nehmen Sie eine Einordnung des Personalwesens in das Funktionsmodell der Unternehmung vor.

b) Beschreiben Sie die Eingliederung des Personalwesens in die betriebliche Organisation Ihres Ausbildungsbetriebes.

c) Erläutern Sie, welche Stellung/welchen Stellenwert die Ziele der Personalwirtschaft im Zielsystem der Unternehmung haben.

d) Geben Sie Beispiele dafür, wie sich externe und interne Einflussgrößen auf personalwirtschaftliche Entscheidungen auswirken können.

e) Mitarbeiter stehen in vielfältiger Beziehung zu ihrem Unternehmen; sie können z. B. Produktions- oder Kostenfaktor sein. Geben Sie weitere Beispiele an.

f) Nennen Sie zentrale personalwirtschaftliche Gestaltungs- und Verwaltungsaufgaben.

Aufgabe 1.3: Aufgaben der Mitarbeiter im Personalwesen

Sie haben eine Ausbildung zur Bürokauffrau/zum Bürokaufmann in der örtlichen Filiale einer großen Kaufhauskette mit Erfolg absolviert. Während Ihrer Ausbildung haben Sie sich besonders für personalwirtschaftliche Vorgänge interessiert. Sie haben gelernt, dass erfolgreiche Personalpolitik sich heute nicht mehr allein darauf erstreckt, Einstellungen und Entlassungen vorzunehmen sowie das Lohn- und Gehaltsbüro zu führen, sondern der Personalbedarf und Ausbildungsstand vielmehr durch gezielte Maßnahmen laufend den betrieblichen Erfordernissen angepasst werden müssen.

Sie erhalten das Angebot Ihres Ausbildungsbetriebes für eine Tätigkeit in der Personalverwaltung mit Aufstiegsmöglichkeiten im Bereich des Personalwesens. Es ist u. a. beabsichtigt, dass Sie sich durch Weiterbildungsmaßnahmen für eine selbstständige Bearbeitung aller anfallenden Aufgaben im Ausbildungswesen qualifizieren.

a) Zeigen Sie auf, welche Aufgaben in der Personalverwaltung zu erledigen sind. Grenzen Sie dabei auch Personalpolitik von Personalverwaltung ab.

b) Erklären Sie, was mit der Aussage gemeint ist: „Personalbedarf und Ausbildungsstand müssen vielmehr durch gezielte Maßnahmen laufend den betrieblichen Erfordernissen angepasst werden."

c) Stellen Sie fest, mit welchen Maßnahmen der Weiterbildung Sie sich für die geplante Tätigkeit im Ausbildungswesen qualifizieren können.

d) Beschreiben Sie wesentliche Aufgaben, die bei der Gestaltung des Ausbildungswesens im Rahmen der dualen Ausbildungsberufe der Kaufhausfiliale anfallen. Benennen Sie auch, welche wichtigen Rechtsvorgaben zu beachten sind.

e) Entwerfen Sie einen Leitfaden für die Personalbeschaffung und Personalauswahl der kaufmännischen Auszubildenden.

2 Personalplanung

Aufgabe 2.1: Überblick

a) Geben Sie Beispiele für autonome und initiierte Veränderungen im Personalbestand.

b) Unterscheiden Sie Personalbestands- und Personalbedarfsplanung.

c) Nennen Sie betriebliche Kennzahlen, die zur Berechnung des Personalbedarfs herangezogen werden können. Beurteilen Sie deren Eignung.

d) Geben Sie Beispiele für fachliche, soziale und persönliche Kompetenzen.

e) Zeigen Sie auf, welche Einflussgrößen bei der Personaleinsatzplanung zu berücksichtigen sind.

Aufgabe 2.2: Bereiche und Maßnahmen der Personalplanung

Aufgabe der Personalplanung ist es - so die Definition -, durch Maßnahmen der Personalbestands- und -bedarfsplanung, der Personalveränderungs- und -entwicklungsplanung sowie der Personaleinsatzplanung die optimale Versorgung mit Mitarbeitern in quantitativer und qualitativer Hinsicht sicherzustellen.

a) Unterscheiden Sie quantitative und qualitative Personalbedarfsplanung.

b) Erläutern Sie Bestimmungsgrößen für die Ermittlung des voraussichtlichen quantitativen Personalbestands.

c) Geben Sie Beispiele für die Entstehung von Ersatzbedarf und Neubedarf an.

d) Erläutern Sie anhand von Beispielen die zwei Methoden der Personalbedarfsplanung: Kennzahlmethode und Stellenplanmethode.

e) Überlegen Sie, welche Entwicklungen in der Branche Ihres Ausbildungsbetriebes bzw. des Modellbetriebes Heinrich Felge Reifenhandlung zu neuen Anforderungen an die Mitarbeiter führen könnten.

f) Beschreiben Sie Maßnahmen zur Personalentwicklung.

g) Nennen Sie eher planbare und eher nicht planbare Einflussgrößen der Personaleinsatzplanung.

Aufgabe 2.3: Personalplanung in der Drupa GmbH

Die Drupa GmbH ist ein mittelständisches Unternehmen mit derzeit 52 Mitarbeitern in der Druck- und Papierverarbeitung. Spezialisiert hat man sich vorwiegend auf die Erstellung von kleineren Informationsbroschüren, die komplett verarbeitet werden.

Die Drupa GmbH beschäftigt momentan bei einem Jahresumsatz von 20,4 Millionen EUR sechs Mitarbeiter in der Abteilung „Druck". Mit einem Durchschnittsumsatz von rund 3,4 Millionen EUR sind diese Mitarbeiter ausgelastet.

a) Berechnen Sie den Personalbedarf, wenn die Drupa GmbH versucht, ihren Umsatz auf 30 Millionen EUR auszuweiten.

b) Überlegen Sie, inwieweit der Umsatz als Kennziffer zur Berechnung des Personalbedarfs geeignet ist, wenn sich Preissteigerungen auf dem Markt durchsetzen lassen.

c) Im Kopierbereich erstellt die Drupa GmbH regelmäßig ein Handbuch (Auflage 800 Stück) für die Wartung von Computersystemen eines namhaften Herstellers. Die Produktionszeit pro Stück beträgt 15 Minuten.

   - Wie viele Mitarbeiter werden benötigt, wenn die Produktionszeit 4 Tage nicht überschreiten soll und die tägliche Arbeitszeit 7,5 Stunden beträgt?
   - Ermitteln Sie die Überdeckung für den Kopierbereich, wenn aufgrund von Rationalisierungsmaßnahmen die Produktionszeit nur noch 12 Minuten beträgt und aufgrund von Tarifvereinbarungen zukünftig 8 Stunden pro Tag gearbeitet werden.

d) Erstellen Sie eine Personaleinsatzplanung zur Herstellung der Handbücher für einen Tag unter folgenden Bedingungen:

   - Produziert wird von 7:00 Uhr bis 18:00 Uhr; die Arbeitszeit pro Tag beträgt 8 Std.
   - Morgens und nachmittags werden Pausen von jeweils 15 Minuten, mittags wird eine Pause von 30 Minuten verrechnet.
   - In der Kernarbeitszeit von 8:00 Uhr bis 17:00 Uhr müssen mindestens 3 Mitarbeiter in der Produktion anwesend sein.
   - Für den Arbeitsbeginn und das Arbeitsende sind für die 5 Mitarbeiter folgende Vorgaben zu beachten:

Mitarbeiter	Arbeitsbeginn	Arbeitsende
M1	9:00 Uhr	
M2	9:00 Uhr	
M3	flexibel	
M4	flexibel	
M5		16:00 Uhr

3 Personalbeschaffung

Aufgabe 3.1: Überblick

a) Definieren Sie, was man unter einer „Stelle" versteht.

b) Unterscheiden Sie Stellenbeschreibung und innerbetriebliche Stellenausschreibung.

c) Ordnen Sie der internen bzw. externen Personalbeschaffung begründet zu: Urlaubsverschiebung, Personalberater, Stellenanzeige, Agentur für Arbeit, Versetzung, Personalleasing, Überstunden. Finden Sie ggf. weitere Beispiele.

d) Geben Sie Tipps für die Gestaltung einer Stellenanzeige.

e) Welches sind „übliche Bewerbungsunterlagen", die von einem Bewerber eingereicht werden sollten?

f) Beschreiben Sie, wie die Auswahl des geeignetsten Bewerbers i. d. R. erfolgt, wenn es mehrere Bewerber auf eine ausgeschriebene Stelle gibt.

g) Welche Fragen seitens des Unternehmens sind in Vorstellungsgesprächen nicht zulässig? Diskutieren Sie, wie ein Bewerber mit „unzulässigen" Fragen umgehen könnte bzw. sollte.

Aufgabe 3.2: Personalbeschaffung und -auswahl in der Sanibau GmbH

Im Sanitärgroßhandel Sanibau GmbH sind in der Abteilung Einkauf fünf Sachbearbeiter tätig. Die Stelle des Abteilungsleiters soll neu besetzt werden, da dieser in Kürze in den Ruhestand versetzt wird.

a) Stellen Sie fest, welche grundsätzlichen Möglichkeiten es gibt, den Personalbedarf zu decken.

b) Erläutern Sie Vor- und Nachteile einer externen Personalbeschaffung.

c) Fertigen Sie eine Stellenbeschreibung für die Stelle des Abteilungsleiters an.

d) Entwerfen Sie auf der Grundlage der Stellenbeschreibung eine Stellenanzeige.

e) Diskutieren Sie, welche Kriterien eine gelungene Bewerbung Ihres Erachtens erfüllen sollte.

f) Verfassen Sie auf der Grundlage der Stellenanzeige (und ggf. unter Beachtung der von Ihnen in e) entwickelten Kriterien) ein Bewerbungsschreiben.

g) Überprüfen Sie die Qualität der von Ihnen erstellten Bewerbungen anhand der in e) entwickelten Kriterien.

h) Listen Sie auf, welche Bewerbungsunterlagen Sie von einem externen Bewerber erwarten.

i) Planen Sie den Ablauf des Vorstellungsgespräches. Definieren Sie dazu auch, was das Ziel des Vorstellungsgespräches sein soll und wie (durch welche Fragen/Verhaltensweisen) Sie diesem Ziel möglichst nahe kommen können.

j) Überlegen Sie, welche Verfahren zur Eignungsfeststellung geeignet sind, und erklären Sie diese.

k) Die Bewerbungsmappe eines Bewerbers enthält ein Zeugnis mit folgender Formulierung: „Herr Grote war in unserem Unternehmen seit Mai 2005 als Sachbearbeiter zuständig für den Einkauf von Armaturen und Kleinmöbeln für den Sanitärbereich. Wir waren mit seiner Leistung jederzeit zufrieden. Herr Grote verlässt uns auf eigenen Wunsch. Für seinen weiteren Lebensweg wünschen wir ihm alles Gute."

   Beurteilen Sie das Zeugnis im Hinblick auf die zu besetzende Stelle des Abteilungsleiters.

4 Personaleinstellung

Aufgabe 4.1: Überblick

a) Geben Sie drei Beispiele für Inhalte eines Manteltarifvertrages.
b) Geben Sie an, was man unter Tarifautonomie versteht.
c) Nennen Sie Beispiele für Regelungen in Betriebsvereinbarungen. Finden Sie heraus, ob es in Ihrem Ausbildungsbetrieb eine Betriebsvereinbarung gibt und was diese regelt.
d) Unterscheiden Sie zwischen unbefristetem und befristetem Arbeitsvertrag.
e) Klären Sie, inwiefern für das rechtswirksame Zustandekommen eines Arbeitsvertrages Schriftform erforderlich ist.
f) Zählen Sie die Ihnen bekannten Personalunterlagen auf, und erklären Sie, welche Bedeutung der jeweiligen Unterlage zukommt.
g) Stellen Sie die Funktion der Personalakte dar. Geben Sie Vorteile einer elektronisch geführten Personalakte an.
h) Zeigen Sie auf, welche wesentlichen Grundsätze hinsichtlich des Schutzes personenbezogener Daten nach dem Bundesdatenschutzgesetz zu beachten sind.

Aufgabe 4.2: Abschluss und Inhalt eines Arbeitsvertrages

Nach erfolgreicher Ausbildung zur Kauffrau bzw. zum Kaufmann für Bürokommunikation erhalten Sie das lang ersehnte Angebot eines Fachbuchverlages für ein unbefristetes Beschäftigungsverhältnis im Sekretariat der Unternehmensleitung. Die Personalchefin legt Ihnen einen Arbeitsvertrag mit einer Probezeit von 6 Monaten vor.

a) Erläutern Sie anhand von Beispielen, welche rechtliche Bedeutung tarifvertragliche Regelungen für den Inhalt des Arbeitsvertrages haben. Beschreiben Sie in diesem Zusammenhang unterschiedliche Arten von Tarifverträgen.
b) Beurteilen Sie, warum es sinnvoll ist, den Arbeitsvertrag schriftlich abzuschließen.
c) Beschreiben Sie, welche wesentlichen Pflichten der Fachbuchverlag als Arbeitgeber und Sie als Arbeitnehmer mit einem Arbeitsvertrag eingehen.
d) Klären Sie, welche Inhalte in Ihrem Arbeitsvertrag geregelt sein sollten.
e) Finden Sie heraus, mit welcher Frist Ihr Arbeitsverhältnis in der Probezeit gekündigt werden könnte.

f) Diskutieren Sie den Vorschlag der Bundesregierung, die maximal zulässige Probezeit für Arbeitsverhältnisse von 6 Monaten auf 2 Jahre zu erhöhen. Überlegen Sie dabei: Welche Interessengruppen wären von einer Änderung der bisherigen Regelung betroffen? Mit welchen Argumenten könnten die unterschiedlichen Interessengruppen die Neuregelung befürworten bzw. ablehnen?

g) Nennen Sie die Personalunterlagen, die Sie vor Aufnahme Ihrer Tätigkeit in der Personalabteilung vorlegen müssen.

Aufgabe 4.3: Mitwirkung des Betriebsrates und Einsicht in die Personalakte

Ein Mitarbeiter, der bei einer anstehenden Beförderung nicht berücksichtigt wurde, bittet den Betriebsrat um ein Beratungsgespräch. Er möchte sich insbesondere über die Möglichkeiten einer Einsichtnahme in die Personalakte informieren.

a) Beschreiben Sie grundsätzlich das Zustandekommen, die Zusammensetzung und die Stellung des Betriebsrates im Betrieb.

b) Zeigen Sie auf, welche Möglichkeiten der Betriebsrat gegenüber dem Arbeitgeber hat, die Interessen der Arbeitnehmer wahrzunehmen bzw. durchzusetzen.

c) Erklären Sie, welche Auskunft der Arbeitnehmer vom Betriebsrat hinsichtlich einer Einsichtnahme in die Personalakte erhalten wird.

d) Überlegen Sie, welche Daten im Interesse des Arbeitgebers in der Personalakte gesammelt werden können.

e) Stellen Sie fest, welche wesentlichen Rechte Betroffener zum Schutz personenbezogener Daten bei der Führung von Personalakten zu beachten sind.

5 Personalentlohnung

Aufgabe 5.1: Überblick

a) Erklären Sie das analytische und summarische Verfahren der Arbeitsbewertung.

b) Unterscheiden Sie Zeitlohn und Leistungslohn. Nennen Sie auch Möglichkeiten für ergänzende Löhne.

c) Geben Sie an, welche Abzüge bei der Lohn- und Gehaltsabrechnung zu berücksichtigen sind.

d) Erklären Sie den Begriff „Personalnebenkosten/Personalzusatzkosten".

e) Nennen Sie die Lohnsteuerabzugsmerkmale.

f) Unterscheiden Sie die Zweige des derzeitigen Sozialversicherungssystems. Nennen Sie außerdem Träger und Leistungen.

Aufgabe 5.2: Entlohnung in der Wohntal GmbH

Die Wohntal GmbH ist ein Einrichtungshaus mit einer attraktiven Auswahl moderner Wohnmöbel und dem größten Büromöbelzentrum der Region. Die Büromöbelprogramme werden selbst entwickelt und in modernen Produktionsstätten der Unternehmung gefertigt. Die unterschiedlichen Tätigkeiten in der Verwaltung, im Verkauf und in der Auftragsabwicklung sowie in der Montage und in der Fertigung erfordern ein differenziertes System der Personalentlohnung. Alle Mitarbeiter erwarten für ihre Leistung an ihrem Arbeitsplatz eine angemessene Vergütung, die den Schwierigkeitsgrad der Arbeit, die erforderlichen Qualifikationen und auch die persönlichen Lebensumstände möglichst gerecht berücksichtigt.

a) Erläutern Sie, welche Maßstäbe zur Ermittlung eines möglichst gerechten Lohns herangezogen werden können.

b) Geben Sie an, unter welchen Bedingungen der Zeitlohn Anwendung finden kann.

c) Beschreiben Sie, welche Arten von Tätigkeiten in einer Unternehmung wie der Wohntal GmbH anfallen. Ordnen Sie diesen unterschiedlichen Tätigkeiten geeignete Entlohnungsformen begründet zu.

d) In der Fertigungsabteilung für Aktenschränke beträgt der tarifliche Grundlohn für die Herstellung von Einlegeböden 10,00 EUR/Stunde und der Akkordzuschlagssatz 20 %. Die Normalleistung wird mit 20 Stück/Stunde angegeben.
   - Ermitteln Sie die Höhe des Akkordlohns pro Stück (Stückakkord).
   - Ermitteln Sie den Stundenlohn bei einer Stundenleistung von 25 Stück.
   - Ermitteln Sie den Bruttolohn für einen Mitarbeiter in der Abteilung bei einer 40-Stunden-Woche, wenn die Vorgabezeit genau eingehalten wird.

e) Welche Vorteile bietet der Akkordlohn aus Sicht des Arbeitgebers, welche aus Sicht des Arbeitnehmers?

Aufgabe 5.3: Eine Lohnabrechnung durchführen

Sie sind in der Lohnbuchhaltung zuständig für die Lohnabrechnung des Mitarbeiters Thomas Feiertag.

Lohnabrechnung		**Monat:**	November
Name	Thomas Feiertag	Personal.-Nr.	0128
Geburtsdatum	02.04.1970	Kinderfreibetrag	1,0
Steuerklasse	III	Konfession	rk
Stundenlohn		15,00 EUR	
vermögenswirksame Leistung		40,00 EUR, davon 30,00 EUR AG-Anteil	
Steuerfreibetrag (jährlich)		1 200,00 EUR	

Arbeitsstunden lt. Stundenzettel: 191, davon mit Zuschlägen (steuerpflichtig)

Zuschläge	Zuschlagssatz	Stunden
Überstunden	20 %	26
Nachtarbeit	25 %	12

Abgaben an die Sozialversicherung		
	Arbeitgeber	**Arbeitnehmer**
Krankenversicherung 15,5 %		
Pflegeversicherung 1,95 %		
Rentenversicherung 19,9 %		
Arbeitslosenversicherung 3,0 %		

Lohnsteuertabellen 20.. (Monat)

(Kirchensteuer 9 %)

Lohn (bis)	StKl	LSt	ohne Kifb		0,5 Kifb		1,0 Kifb		1,5 Kifb		2,0 Kifb		2,5 Kifb		3,0 Kifb	
			KiSt	SolZ	KiSt	SolZ	KiSt	SolZ	KiSt	SolZ	KiSt	SolZ	KiSt	SolZ	KiSt	SolZ
2.915,99	I	**530,08**	47,70	29,15	40,73	24,89	34,06	20,81	27,67	16,91	21,57	13,18	15,76	9,63	10,24	6,26
	II	**494,83**	44,53	27,21	37,69	23,03	31,14	19,03	24,89	15,21	18,92	11,56	13,24	8,09	7,85	1,25
	III	**245,83**	22,12	13,52	16,76	4,86	11,65		7,06		3,02					
	IV	**530,08**	47,70	29,15	44,19	27,00	40,73	24,89	37,36	22,83	34,06	20,81	30,83	18,84	27,67	16,91
	V	**933,16**	83,98	51,32	83,98	51,32	83,98	51,32	83,98	51,32	83,98	51,32	83,98	51,32	83,98	51,32
	VI	**965,41**	86,88	53,09	86,88	53,09	86,88	53,09	86,88	53,09	86,88	53,09	86,88	53,09	86,88	53,09
2.918,99	I	**531,00**	47,79	29,20	40,82	24,94	34,13	20,86	27,74	16,95	21,64	13,22	15,83	9,67	10,31	6,30
	II	**495,75**	44,61	27,26	37,77	23,08	31,23	19,08	24,96	15,25	18,99	11,60	13,31	8,13	7,92	1,40
	III	**246,66**	22,19	13,56	16,84	5,03	11,71		7,12		3,08					
	IV	**531,00**	47,79	29,20	44,27	27,05	40,82	24,94	37,44	22,88	34,13	20,86	30,90	18,88	27,74	16,95
	V	**934,41**	84,09	51,39	84,09	51,39	84,09	51,39	84,09	51,39	84,09	51,39	84,09	51,39	84,09	51,39
	VI	**966,66**	86,99	53,16	86,99	53,16	86,99	53,16	86,99	53,16	86,99	53,16	86,99	53,16	86,99	53,16
2.921,99	I	**532,00**	47,88	29,26	40,90	24,99	34,22	20,91	27,82	17,00	21,71	13,27	15,89	9,71	10,37	6,34
	II	**496,66**	44,69	27,31	37,85	23,13	31,30	19,13	25,04	15,30	19,06	11,65	13,37	8,17	7,97	1,53
	III	**247,50**	22,27	13,61	16,92	5,20	11,79		7,18		3,13					
	IV	**532,00**	47,88	29,26	44,35	27,10	40,90	24,99	37,53	22,93	34,22	20,91	30,98	18,93	27,82	17,00
	V	**935,75**	84,21	51,46	84,21	51,46	84,21	51,46	84,21	51,46	84,21	51,46	84,21	51,46	84,21	51,46
	VI	**967,91**	87,11	53,23	87,11	53,23	87,11	53,23	87,11	53,23	87,11	53,23	87,11	53,23	87,11	53,23
2.924,99	I	**532,91**	47,96	29,31	40,98	25,04	34,29	20,95	27,90	17,05	21,79	13,31	15,97	9,76	10,44	6,38
	II	**497,66**	44,78	27,37	37,94	23,18	31,37	19,17	25,11	15,34	19,13	11,69	13,44	8,21	8,04	1,68
	III	**248,33**	22,34	13,65	16,99	5,36	11,86		7,24		3,19					
	IV	**532,91**	47,96	29,31	44,43	27,15	40,98	25,04	37,60	22,98	34,29	20,95	31,06	18,98	27,90	17,05
	V	**937,00**	84,33	51,53	84,33	51,53	84,33	51,53	84,33	51,53	84,33	51,53	84,33	51,53	84,33	51,53
	VI	**969,16**	87,22	53,30	87,22	53,30	87,22	53,30	87,22	53,30	87,22	53,30	87,22	53,30	87,22	53,30
2.927,99	I	**533,91**	48,05	29,36	41,06	25,09	34,38	21,01	27,97	17,09	21,86	13,36	16,04	9,80	10,50	6,42
	II	**498,58**	44,87	27,42	38,01	23,23	31,46	19,22	25,18	15,39	19,20	11,73	13,51	8,25	8,10	1,81
	III	**249,16**	22,42	13,70	17,06	5,53	11,93		7,30		3,25					
	IV	**533,91**	48,05	29,36	44,52	27,21	41,06	25,09	37,68	23,03	34,38	21,01	31,14	19,03	27,97	17,09
	V	**938,25**	84,44	51,60	84,44	51,60	84,44	51,60	84,44	51,60	84,44	51,60	84,44	51,60	84,44	51,60
	VI	**970,41**	87,33	53,37	87,33	53,37	87,33	53,37	87,33	53,37	87,33	53,37	87,33	53,37	87,33	53,37

a) Erstellen Sie eine gegliederte Lohnabrechnung.

b) Erklären Sie, welche Rolle die Beitragsbemessungsgrenze bei der Lohnabrechnung spielt.

c) Nennen und erläutern Sie die Steuerklassen.

d) Gelegentlich wird diskutiert, die Wahlmöglichkeit „Steuerklassen III/V" für berufstätige Ehepaare abzuschaffen zugunsten einer einheitlichen Regelung „Steuerklassen IV/IV". Nehmen Sie Stellung zu diesem Vorhaben.

e) Beschreiben Sie das elektronische Verfahren zum Lohnsteuerabzug.

f) Buchen Sie zunächst die Lohnzahlung einschließlich der einbehaltenen und noch abzuführenden Angaben. Erfassen Sie dann buchhalterisch die Zahlung der einbehaltenen Abgaben.

6 Beendigung von Arbeitsverhältnissen

Aufgabe 6.1: Überblick

a) Unterscheiden Sie einfaches und qualifiziertes Arbeitszeugnis.

b) Erklären Sie: personenbedingte Kündigung, verhaltensbedingte Kündigung, betriebsbedingte Kündigung.

c) Nennen Sie weitere Gründe, die zu einer Beendigung des Arbeitsverhältnisses führen können.

d) Benennen Sie die allgemeinen gesetzlichen Kündigungsfristen für Kündigungen in der Probezeit und Kündigungen nach der Probezeit. Welche zusätzliche Regelung greift ab einer Betriebszugehörigkeit von zwei Jahren für den Fall, dass der Arbeitgeber kündigt?

e) Nennen Sie Personengruppen, für die ein besonderer Kündigungsschutz besteht.

f) In welcher Frist muss eine wirksame außerordentliche Kündigung erfolgen?

g) Erklären Sie, was unter einer Ausgleichsquittung zu verstehen ist.

Aufgabe 6.2: Kündigungsschutz, Kündigungsgründe und Sozialauswahl

Das Küchen-Studio Zentral, ein alt eingesessener regionaler Anbieter von Einbauküchen, wird als neue Filiale von der Kreativ-Konzept Küchen GmbH übernommen. Die Kreativ-Konzept Küchen GmbH mit 12 Filialen im hiesigen Bundesland vertreibt und montiert Markenküchen von unterschiedlichen Herstellern und bezeichnet sich als Küchenprofi für Beratung, Planung und Einrichtung. Der Einsatz der hauseigenen Kücheneinrichtungssoftware „KitchCAD", mit der eine professionelle 2D- und 3D-Küchenplanung durchgeführt werden kann, hat zu einer Vereinfachung und Rationalisierung in der Verkaufsberatung der neuen Filiale geführt. Von den fünf Mitarbeitern in dieser Abteilung wird nun ein Mitarbeiter nicht mehr gebraucht und soll gekündigt werden. Die Mitarbeiter in der Auslieferung und in der Montage müssen jedoch je nach Auftragslage auch häufiger Überstunden machen.

Das Personalmanagement der Kreativ-Küchen GmbH hat zu prüfen, welcher Mitarbeiter aus dem Unternehmen ausscheiden soll. Verkaufsberaterin Anja Schütz ist schwanger, Verkaufsberater Günther Friedloff schwerbehindert und Verkaufsberater Björn Deutlich gewählter Betriebsratsvertreter. Alle unterliegen einem besonderen Kündigungsschutz und kommen somit nicht in die Auswahl. Die Entscheidung, welchem Mitarbeiter zu kündigen ist, muss zwischen Ulrich Knecht und Sarah Kracht-Jung getroffen werden.

Personalstammblatt (Auszüge)	
Name, Vorname:	**Knecht, Ulrich**
Geburtsdatum:	22. Juli 1954
Eintrittsdatum:	01. März 1983
Austrittsdatum:	
Familienstand:	verheiratet
Ehepartner:	Christa Knecht, 31. Juli 1956, z. Zt. arbeitslos
Kinder:	Chantal, 01. April 1997, z. Zt. Realschule Michaela und Manuela, beide 20.12.1987, z. Zt. Studium der Sozialpädagogik
Schulabschluss:	Handelsschule Mai 1971
Studium:	-
Ausbildung:	Einzelhandelskaufmann, Abschluss 20. Juni 1974
Berufserfahrung:	Angestellter im Verkauf eines Möbelhauses ab Juli 1974 Abteilungsleiter der Abteilung Kleinmöbel ab Januar 1979
Fortbildung:	Fachberater Küchentechnik Mai 1985 Ausbildereignungsprüfung April 1989 Einrichtungsberater Küchentechnik 1991
Besondere Merkmale:	Kundenberatung, Küchenplanung per Hand, selbstständige Bearbeitung von Kaufverträgen, Aufmaße beim Kunden, termingerechte Bestellabwicklung unter Berücksichtigung von Lieferzeiten und Einkaufsvorteilen, Prüfen von Auftragsbestätigungen
Besonderheiten:	• gute Kontakte zu Lieferern • zuverlässiger langjähriger Mitarbeiter • an Überstunden interessiert • gelegentlich Aushilfe bei der Auslieferung • wenig flexibel bei der Urlaubsplanung • seit 2008 häufig krank • kein Interesse an CAD

Personalstammblatt	
Name, Vorname:	**Kracht-Jung, Sarah**
Geburtsdatum:	01. Mai 1981
Eintrittsdatum:	01. August 2009
Austrittsdatum:	
Familienstand:	geschieden
Ehepartner:	-
Kinder:	-
Schulabschluss:	Allgemeine Hochschulreife, Mai 2000
Studium:	Innenarchitektur, Abschluss an der Fachhochschule Rosenheim September 2006
Ausbildung:	-
Berufserfahrung:	Praktikum bei Elektrohersteller für Küchengeräte von Januar 2006 - Juli 2007 Trainee-Programm bei namhaftem Küchenhersteller von August 2007 - Juli 2008 anschließend freie Mitarbeiterin in der Entwicklungsabteilung für Produktdesign und Durchführung von Schulungen in CAD-Anwendungen
Fortbildung:	Personalführung
Besondere Merkmale:	Kundenberatung, 3D-Planungsprogramme, selbstständige Bearbeitung von Kundenaufträgen, Aufmaß beim Kunden, Reklamationsbearbeitung, Verkaufsraumgestaltung, Internetpflege
Besonderheiten:	• ehrgeizig, kreativ, viele neue Ideen • konsequente Karriereplanung • örtlich und zeitlich flexibel • Fremdsprachen: Englisch, Französisch, Italienisch

a) Erläutern Sie den besonderen Kündigungsschutz für die Mitarbeiter im Verkauf.

b) Finden Sie heraus, inwiefern Gründe für eine rechtmäßige Kündigung von Herrn Knecht oder Frau Kracht-Jung vorliegen.

c) Unterbreiten Sie einen begründeten Vorschlag, welchem Mitarbeiter gekündigt werden soll.

d) Stellen Sie jeweils für Herrn Knecht bzw. Frau Kracht-Jung fest, mit welcher Frist eine Kündigung ausgesprochen werden kann.

e) Erörtern Sie, ob auch eine andere Lösung als die beabsichtigte Kündigung in Frage kommen könnte.

f) Wenn das Beschäftigungsverhältnis endet, haben Mitarbeiter einen Anspruch auf ein Arbeitszeugnis. Nennen und erläutern Sie die Arten von Arbeitszeugnissen.

g) Formulieren Sie ein gutes Arbeitszeugnis für den Mitarbeiter, dem gekündigt werden soll.

Aufgabe 6.3: Fristlose Kündigung

Nach einer Umfrage surfen mehr als 90 % aller Mitarbeiter in deutschen Unternehmen während der Arbeitszeit privat im Internet.

In der Röko Bauelemente GmbH ist das private Surfen am Arbeitsplatz untersagt. Alle Mitarbeiter sind ausdrücklich über dieses Verbot belehrt worden. Die Regelung ist auch Gegenstand der Betriebsvereinbarung.

Der Mitarbeiter Sven Pagel wird dabei beobachtet, wie er private Dateien auf den betrieblichen PC herunterlädt. Er erhält deshalb eine Abmahnung mit dem Vermerk, dass bei einer Wiederholung mit einer fristlosen Kündigung zu rechnen sei. Der Arbeitgeber entdeckt, dass sich Sven Pagel weiterhin nicht an dieses Verbot hält und entschließt sich zu einer fristlosen Kündigung.

a) Erörtern Sie, ob eine fristlose Kündigung in diesem Fall rechtmäßig ist. Geben Sie in diesem Zusammenhang wesentliche Voraussetzungen für eine außerordentliche Kündigung an. Nennen Sie konkrete Beispiele.

b) Geben Sie die Frist an, innerhalb derer die fristlose Kündigung erfolgen muss.

c) Der Arbeitgeber bietet dem Mitarbeiter Pagel an, das Arbeitsverhältnis mit einem Aufhebungsvertrag zu beenden. Überlegen Sie, ob Sven Pagel diesen unterzeichnen sollte.

d) Geben Sie an, welche Arbeitspapiere dem Mitarbeiter bei Ausscheiden aus dem Unternehmen auszuhändigen sind.

e) Der Arbeitgeber beabsichtigt, dem Mitarbeiter Pagel ein Zeugnis auszustellen, in dem folgender Satz steht: „Herr Pagel besitzt fundierte Kenntnisse im Umgang mit dem Internet, die er auch für private Zwecke nutzt."

   Nehmen Sie Stellung zu dieser Formulierung.

Aufgabe 6.4: Ein eigenes Arbeitszeugnis formulieren

Das Arbeitszeugnis gehört zu den wichtigsten Bestandteilen Ihrer Arbeitspapiere. Sie haben das Recht auf eine faire und - soweit möglich - objektive Beurteilung. Den Personalchefs ist ein „Geheim-Code" vertraut, mit dem eine ungünstige Beurteilung noch positiv erscheint. Deshalb muss man auch zwischen den Zeilen lesen können. Machen Sie sich also rechtzeitig Gedanken, wie Ihr Arbeitszeugnis aussehen sollte. Die folgende Checkliste kann dabei hilfreich sein:

Checkliste zur Überprüfung von Arbeitszeugnissen
✓ Vermittelt das Zeugnis einen ansprechenden Gesamteindruck (z. B. Firmenbogen, Überschrift, Gliederung, Umfang)?
✓ Stimmen die personenbezogenen Angaben (z. B. Vor- und Nachname, ggf. Geburtsname, akademische Titel)?
✓ Stimmen die Angaben für den Zeitraum des Arbeitsverhältnisses (z. B. Beginn und Ende, verschiedene Arbeitsbereiche)?
✓ Werden die ausgeübten Tätigkeiten vollständig und genau angegeben (z. B. Arbeitsbereiche, Zuständigkeiten, Abteilungen)?
✓ Werden besondere qualitative Aspekte der Tätigkeiten erwähnt (z. B. spezielle Fachkenntnisse, besondere Erfahrungen, Fortbildungen)?
✓ Sind Führung und Leistung hinreichend und angemessen beurteilt (z. B. soziale Kompetenzen, personale Kompetenzen, fachliche Kompetenzen)?
✓ Wird der Grund für die Beendigung des Arbeitsverhältnisses genannt (z. B. „auf eigenen Wunsch", „betriebsbedingt")?
✓ Enthält das Zeugnis eine Schlussformel (z. B. Dank des Arbeitgebers, Bedauern über Ausscheiden, Wünsche für die weitere berufliche Zukunft)?
✓ Sind die formalen Angaben vollständig und korrekt (z. B. Ort und Datum der Ausstellung, Unterschrift einer vertretungsberechtigten Person)?

a) Entwerfen Sie ein qualifiziertes Arbeitszeugnis für sich selbst. Unterstellen Sie folgende Bedingungen: Sie verlassen Ihr Unternehmen 3 Jahre nach Ende der Ausbildung in gegenseitigem Einvernehmen (Gründe wahlweise: Aufnahme eines Studiums, Umzug in eine andere Stadt, neuer/besserer Job, ...). Sie haben sehr gut / gut / befriedigend / ausreichend gearbeitet (Wählen Sie aus, was Ihnen am nächsten kommt).

b) Beurteilen Sie die entstandenen Arbeitszeugnisse aus der Sicht eines Personalchefs im Rahmen eines Personalauswahlverfahrens.

7 Entscheidungsbefugnisse von Mitarbeitern

Aufgabe 7.1: Überblick

a) Welche Rechtsgeschäfte sind dem Prokuristen gesetzlich verboten?

b) Unterscheiden Sie: Generalhandlungsvollmacht, Arthandlungsvollmacht und Spezialhandlungsvollmacht.

Aufgabe 7.2: Handlungsvollmacht und Prokura

Die Unternehmensleitung der expandierenden, innovativen Grußkarten- und Geschenkartikel GmbH hat sich dazu entschlossen, den beiden Handlungsbevollmächtigten der Unternehmung die Gesamtprokura zu erteilen.

a) Überlegen Sie, welche Vorteile sich für die Unternehmung aus der Übertragung von Entscheidungsbefugnissen auf Mitarbeiter ergeben.

b) Stellen Sie fest, wann die Erteilung der Prokura Dritten gegenüber wirksam wird.

c) Klären Sie, welche Bedeutung die Beschränkung auf eine Gesamtprokura für das Außen- und Innenverhältnis hat.

d) Unterscheiden Sie Prokura und allgemeine Handlungsvollmacht hinsichtlich der rechtswirksamen Vornahme von Rechtsgeschäften.

e) Die beiden Prokuristen sind sich darin einig, dass für die weitere Expansion ein Kredit aufgenommen werden sollte. Ein Prokurist beantragt bei der Hausbank ein Hypothekendarlehen und bietet als Sicherheit eine Grundschuld über das Betriebsgrundstück an.

   Klären Sie, inwieweit die beabsichtigten Rechtsgeschäfte im Umfang der erteilten Prokura enthalten sind.

Kleines Lexikon der Personalwirtschaft

Akkordlohn
Entlohnung nach der Menge der geleisteten Arbeit (Leistung ist beeinflussbar und messbar); Bestandteile: Mindestlohn zuzüglich Akkordzuschlag

Anmeldepflichten des Arbeitgebers
Anmeldung zur Krankenkasse und Sozialversicherung (Weiterleitung durch Krankenkasse), zum Finanzamt und zur Berufsgenossenschaft

Arbeitsbewertung
Messung der Arbeitschwierigkeit mit unterschiedlichen Verfahren;
Summarisches Verfahren: Bewertung der Arbeitsaufgabe als Ganze und Vergleich mit Schwierigkeiten und Belastungen anderer Arbeitsaufgaben;
Analytisches Verfahren: Bewertung der Arbeitsaufgabe nach bestimmten Anforderungsarten (z. B. Fachkönnen, Anstrengung, Verantwortung, Arbeitsbedingungen) und jeweils Zuordnung von Punktzahlen, deren Summe den Schwierigkeitsgrad angibt.

Arbeitslosenversicherung
Aufgabe/Leistungen: Erreichung und Sicherung eines hohen Beschäftigungsstandes (Arbeitsförderung wie Beratung und Vermittlung, Verbesserung der Eingliederungsaussichten; Förderung der Aufnahme einer Beschäftigung, einer Berufsausbildung oder der beruflichen Weiterbildung u. a.), Zahlung von Entgeltersatzleistungen (Arbeitslosengeld, Übergangsgeld, Kurzarbeitergeld, Insolvenzgeld; Arbeitslosengeld II im Anschluss an den Bezug von Arbeitslosengeld);
Träger: Bundesagentur für Arbeit;
Beiträge: 3,0 % (2011) vom Bruttoarbeitslohn (AN und AG zahlen je die Hälfte.)

Arbeitsvertrag
rechtliche Grundlage für die Beziehung zwischen Arbeitgeber und Arbeitnehmer (Form des Dienstvertrages); Arten: unbefristeter und befristeter Arbeitsvertrag; **Pflichten des Arbeitgebers**: Vergütungspflicht, Fürsorgepflicht, Zeugniserteilung; **Pflichten des Arbeitnehmers**: Dienstleistungspflicht, Treue- und Verschwiegenheitspflicht, Wettbewerbsverbot

Arbeitszeugnis
Bescheinigung des Arbeitgebers in der Regel am Ende des Arbeitsverhältnisses;
Einfaches Arbeitszeugnis (Beleg zur Lückenlosigkeit der beruflichen Tätigkeit): mindestens Angaben zur Person, zur Dauer und zur Art der Beschäftigung;
Qualifiziertes Arbeitszeugnis (zusätzlich Aufschluss über Qualifikationen, Verhalten, Führung und berufliche Entwicklung): zusätzlich Angaben zu Führung und Leistung

Artvollmacht
Ermächtigung zur Vornahme wiederkehrender Rechtsgeschäfte einer bestimmten Art/ übliche Geschäfte eines Arbeitsgebiets

Assessment-Center
ein- oder mehrtätiges Auswahlverfahren für Bewerber mit praxisbezogenen Aufgaben zur Feststellung von insbesondere Leistungsfähigkeit und sozialen Kompetenzen von i. d. R. Führungs- und Führungsnachwuchskräften

Aufhebungsvertrag
vertragliche Beendigung des Arbeitsverhältnisses in gegenseitigem Einvernehmen

Beitragsbemessungsgrenzen
Höchstgrenzen des Arbeitsentgeltes für die Berechnung der Beiträge an die einzelnen Zweige der Sozialversicherung

Betriebsrat
Interessenvertretung der Arbeitnehmer gegenüber dem Arbeitgeber in wirtschaftlichen, personellen und sozialen Angelegenheiten

Betriebsvereinbarung
Vertrag zwischen Arbeitgeber und Betriebsrat mit der Festlegung von verbindlichen Normen für betriebsinterne Regelungen: z. B. Ordnung des Betriebes, tägliche Arbeitszeit, betriebliches Vorschlagswesen

Bewerbungsunterlagen
Anschreiben/Bewerbungsschreiben, Deckblatt, Lebenslauf, Zeugnisse, Referenzen

Bruttolohn
Summe aller Zahlungen des Arbeitgebers an den Arbeitnehmer

Einzelprokura
Ermächtigung, alle durch die Prokura abgedeckten Rechtsgeschäfte allein vorzunehmen

Entgelttarifvertrag
Lohn- und Gehaltstarifvertrag (häufig jährliche oder überjährliche Laufzeiten) mit Regelungen über z. B. Löhne, Gehälter, Urlaubsgeld, Sonderzahlungen; **Lohn- und Gehaltsrahmentarifvertrag** (häufig drei Jahre Laufzeit) mit Regelungen über die Einordnung von Tätigkeiten in Lohnarten und Lohngruppen

Filialprokura
Beschränkung der Prokura auf eine bestimmte Niederlassung/Filiale

Gesamtprokura
Ermächtigung zur gemeinschaftlichen Vornahme von Rechtsgeschäften durch mehrere Prokuristen

Handlungsvollmacht, allgemeine
Ermächtigung zur Vornahme aller gewöhnlichen/branchenüblichen Rechtsgeschäfte eines derartigen Handelsgewerbes

Krankenversicherung (gesetzliche)
Aufgabe/Leistungen: finanzielle Absicherung im Krankheitsfall (Leistungen zur Gesundheitsförderung, Krankheitsverhütung, Krankenbehandlungskosten, Zahlung von Krankengeld u. a.);
Träger: AOK, Innungskrankenkassen, Betriebskrankenkassen, Ersatzkassen;
Beiträge: einheitlicher Beitragssatz von 15,5 %; AN trägt 8,2 % einschließlich Sonderbeitrag für Zahnersatz und Krankengeld, AG trägt 7,3 % (2011)

Kündigung

einseitige Erklärung des Arbeitgebers oder Arbeitnehmers zur Beendigung des Arbeitsverhältnisses; Schriftform erforderlich;
ordentliche Kündigung unter Berücksichtigung von Kündigungsfristen: Kündigung

durch Arbeitnehmer ohne besonderen Grund wirksam; Kündigung durch Arbeitgeber nur bei sozial gerechtfertigten Gründen (personen-, verhaltens- oder betriebsbedingt); **außerordentliche Kündigung** (fristlos): wirksame Beendigung des Arbeitsverhältnisses aus wichtigem Grund (Störungen im Verhaltens- und Leistungsbereich, Störungen im Vertrauensbereich)

Leistungslohn

Vergütung der Arbeit nach der Arbeitsleistung z. B. als Akkordlohn oder Prämienlohn

Lohngerechtigkeiten

Bildung von Teilgerechtigkeiten zur Herbeiführung einer relativen Lohngerechtigkeit (Fehlen von objektiven Maßstäben für eine absolute Lohngerechtigkeit): Anforderungsgerechtigkeit, Qualifikationsgerechtigkeit, Leistungsgerechtigkeit, Marktgerechtigkeit, Sozialgerechtigkeit

Lohnsteuerabzugsverfahren

Angaben des Arbeitgebers über den Jahresarbeitslohn und den Steuerabzug; Aushändigung als Ausdruck an den Arbeitnehmer und Übermittlung in elektronischer Form an das Finanzamt

Manteltarifvertrag/Rahmentarifvertrag

Regelung von grundsätzlichen Arbeitsbedingungen (z. B. Arbeitszeit, Urlaub); in der Regel längerfristig (z. B. drei Jahre)

Nettolohn

Bruttolohn abzüglich Lohnsteuer, Solidaritätszuschlag, Kirchensteuer und Sozialversicherungsbeiträgen

Personalauswahl

Verfahren zur Auswahl des am besten geeigneten Bewerbers für die zu besetzende Stelle anhand z. B. von Bewerbungsunterlagen, Vorstellungsgespräch, Eignungstests, Assessment-Center

Personalbedarfsrechnung

Ermittlung des zukünftigen Personalbedarfs (Ersatzbedarf, Neubedarf bzw. Zusatzbedarf) in quantitativer (Anzahl der benötigten Mitarbeiter) und qualitativer (erforderliche Fähigkeiten, Fertigkeiten und Kenntnisse) Hinsicht; zwei Methoden im Rahmen der quantitativen Personalplanung: **Kennzahlmethode** und **Arbeitsplatz- oder Stellenplanmethode**

Personalbedarfsrechnung, Arbeitsplatz- oder Stellenplanmethode

Personalbedarfsrechnung mittels eines Stellenplans auf der Grundlage des betrieblichen Organisationsplans mit den verschiedenen Funktionsbereichen und Stellen einschließlich Angaben über die Bezeichnung der Stelle, die Vergütungsgruppe, den Soll-Bestand und Ist-Bestand; in der Regel längerfristige Gültigkeit

Personalbedarfsrechnung, Kennzahlmethode

Methode der Personalbedarfsrechnung: in der Regel nach dem Arbeitsanfall bemessen und auf betriebliche Kennzahlen (z. B. Umsatz, Lohn- und Gehaltskosten, Zeitbedarf für bestimmte Tätigkeiten) gestützt

Personalbeschaffung

Bereitstellung der für das Unternehmen erforderlichen Mitarbeiter auf internem oder externem Beschaffungsweg

Personalbeschaffung, externe
Beschaffung durch Stellenanzeige; auch durch Agentur für Arbeit, Private Arbeitsvermittlung, Personalberater, Zeitpersonalvermittlung/Personalleasing; Stellengesuche von potenziellen externen Bewerbern

Personalbeschaffung, interne
Beschaffung durch innerbetriebliche Stellenausschreibung; auch durch Mehrarbeit/Überstunden, grundsätzliche Verlängerung der Arbeitszeit, Urlaubsverschiebung, Personalentwicklung (z. B. als Anpassungs- und Aufstiegsfortbildung), Versetzung (z. B. bei Erweiterungen oder Rationalisierungen), Übernahme von Auszubildenden

Personalcontrolling
Durchführung und Kontrolle umfassender Personalplanungen, Personalinformation und Personalsteuerung

Personaleinsatzplanung
Verteilung der vorhandenen Mitarbeiter auf die verschiedenen Arbeitsplätze; effektive Auslastung; Berücksichtigung auch der Interessen der Mitarbeiter

Personalentwicklungsplanung
Maßnahmen zum Erhalt sowie zur Schaffung von leistungsfähigen Mitarbeitern durch Ausbildung, Fortbildung, Weiterbildung sowie durch Förderung (Karriereplanung) und Organisationsentwicklung (z. B. Teamentwicklung)

Personalfragebogen
Fragebogen im Rahmen eines Personalauswahlverfahrens mit persönlichen und beruflichen Daten des Bewerbers

Personalführung
personenbezogene Durchsetzung von Zielen und grundlegenden Strategien des Unternehmens über den Einsatz von Führungsmitteln (z. B. Zielvereinbarungen, Information und Berichterstattung, Prinzipien der Kooperation und Delegation, Führungsstile)

Personalmanagement
Gestaltungsentscheidungen und Weiterentwicklungen im Rahmen der personalwirtschaftlichen Aufgaben in einem integrativen Ansatz unter Berücksichtigung unternehmensinterner und -externer Faktoren

Personalorganisation
Organisation des Personalwesens, Erstellung von Organigrammen und Stellenplänen

Personalpapiere/Personalunterlagen
Lohnsteuerkarte, Versicherungsnachweis der Rentenversicherung, Sozialversicherungsausweis, Mitgliedsbescheinigung einer Krankenkasse, Urlaubsbescheinigung, Arbeitserlaubnis ausländischer Arbeitnehmer, gegebenenfalls ausstehende Bewerbungsunterlagen, gegebenenfalls ärztliches Zeugnis;

Arbeitsvertrag, Betriebsordnung, Betriebs- bzw. Werksausweis, Informationsmaterial zum Betrieb, Schlüssel bzw. PIN Codes, Arbeitsmaterial, Werkzeuge etc.

Personalpolitik
Festlegung von grundsätzlichen Zielen, die sich auf nachgelagerte Entscheidungen im Personalbereich auswirken (z. B. Aufstieg aus eigenen Reihen, Frauenförderung, Veränderung von Arbeitsvorrichtungen, Einsatz von Informations- und Kommunikationstechnologien)

Personalverwaltung
rein verwaltende Funktionen der Personalarbeit (z. B. Meldungen an die Krankenkasse, Abwicklung einer Versetzung, Erstellen einer Lohn-/ Gehaltsabrechnung, Abrechnung einer Fortbildung, Ausfertigung einer Stellenausschreibung oder eines Kündigungsschreibens)

Personalwesen
konkrete Ausformung der personalwirtschaftlichen Aufgaben in der betrieblichen Organisation (z. B. in größeren Betrieben über eine Personalabteilung)

Personalwirtschaft
betriebswirtschaftliche Funktion: Gesamtheit aller mitarbeiterbezogenen Gestaltungs- und Verwaltungsaufgaben

Personalwirtschaft, Kernaufgaben
Personalplanung, Personalbeschaffung, Personaleinstellung, Personalentlohnung, Personalfreistellung

Personalwirtschaft, Rahmenaufgaben
Personalpolitik, Personalcontrolling, Personalführung, Personalorganisation

Personalwirtschaft, Ziele
Lenkung der Leistung des Produktionsfaktors Arbeit: qualifizierte, leistungsfähige und motivierte Mitarbeiter in der benötigten Anzahl zum richtigen Zeitpunkt am richtigen Ort unter Berücksichtigung von wirtschaftlichen Zielen (z. B. Kosten, Gewinn) und sozialen Zielen (z. B. Interessen und Ansprüche der Arbeitnehmer)

Pflegeversicherung (gesetzliche)
Aufgabe/Leistung: Soziale Absicherung des Risikos der Pflegebedürftigkeit (Gewährung von Leistungen gestaffelt nach drei Pflegstufen je nach Pflegebedürftigkeit);
Träger: Pflegekassen der gesetzlichen Krankenkassen;
Beiträge: 1,95 % (2011) vom Bruttoarbeitslohn (AN und AG zahlen je die Hälfte; Kinderlose zwischen 24 und 64 Jahren zahlen zusätzlich 0,25 % alleine.)

Prämienlohn
Entlohnung mit Grundlohn und leistungsabhängiger Prämie (z. B. Mengenleistungsprämie, Qualitätsprämie, Ersparnisprämie, Nutzungsprämie)

Prokura
Vollmacht, die zu allen Arten von gerichtlichen und außergerichtlichen Geschäften und Rechtshandlungen ermächtigt, die der Betrieb irgendeines Handelsgewerbes mit sich bringt

Rahmentarifvertrag
s. Manteltarifvertrag

Rentenversicherung (gesetzliche)
Aufgabe/Leistung: Sicherung des Lebensunterhalts im Alter (Altersruhegeld, Hinterbliebenenrente) oder bei vorzeitiger Berufs- oder Erwerbsunfähigkeit (Berufs- oder

Erwerbsunfähigkeitsrente), Maßnahmen zur Wiederherstellung der Erwerbsfähigkeit und zur Berufsförderung (Heilverfahren und Leistungen zur Rehabilitation);
Träger: Deutsche Rentenversicherung (früher Landesversicherungsanstalten für Arbeiterrentenversicherung und Bundesversicherungsanstalt für Angestellte);
Beiträge: 19,9 % (2011) vom Bruttolohn (AN und AG zahlen je die Hälfte.)

Sozialplan
Vereinbarungen zwischen Betriebsrat und Arbeitgeber über einen Ausgleich oder zur Milderung wirtschaftlicher Nachteile bei Betriebsänderungen (z. B. bei Stilllegung von Betriebsteilen mit Entlassungen): z. B. Abfindungszahlungen, Sicherung der Anwartschaften für die betriebliche Altersversorgung, Übernahme erforderlicher Kosten der Umschulung

Sozialversicherungsabzüge
vom Bruttoarbeitslohn abhängige Beiträge zur Kranken-, Pflege-, Renten– und Arbeitslosenversicherung

Spezialvollmacht
Ermächtigung zur Vornahme eines bestimmten einzelnen Rechtsgeschäftes

Stelle
kleinste Organisationseinheit im Betrieb; Zusammenfassung von Teilaufgaben zum Aufgabenbereich eines Mitarbeiters

Stellenanzeige
Veröffentlichung des Stellenangebots in Printmedien und elektronischen Medien (z. B. Tages- und Wochenzeitungen, Fachzeitschriften; Rundfunk, Fernsehen und Internet)

Stellenbeschreibung
Information über Arbeits- und Entscheidungsbereiche, spezielle Tätigkeiten, Rangordnung in der Betriebshierarchie und Anforderungen an den Stelleninhaber

Tarifvertrag
autonome Vereinbarungen zwischen Tarifvertragsparteien mit Regelungen zu Rechten und Pflichten wie z. B. Entlohnung, Arbeitszeiten, Jahresurlaub etc.

Tarifvertragsparteien
Spitzenvertreter von Arbeitgebervereinigungen/Arbeitgeberverbänden bzw. einzelne Arbeitgeber und Gewerkschaften als Vertreter der Arbeitnehmer

Unfallversicherung (gesetzliche)
Aufgaben/Leistungen: Unfallverhütung (Erlass von Unfallverhütungsvorschriften sowie Überwachung und Beratung) und Leistungen bei Unfallfolgen (Heilbehandlung, Verletztengeld und Übergangsgeld, Verletzten- und Hinterbliebenenrente);
Träger: Berufsgenossenschaften;
Beiträge: Beitragshöhe abhängig von der Summe der Arbeitsentgelte und der Gefahrenklasse des Betriebes (AG zahlt die Beiträge alleine.)

Vermögenswirksame Leistungen
vom Staat durch Sparzulagen unterstützte Vermögensbildung von Arbeitnehmern in vom Gesetzgeber festgelegten langfristigen Anlageformen

Zeitlohn
Vergütung der Arbeit nach der Dauer (Stunden, Wochen, Monate) der geleisteten Arbeitszeit

Ausgewählte Gesetzestexte

Bürgerliches Gesetzbuch (BGB)

§ 111
Einseitige Rechtsgeschäfte

Ein einseitiges Rechtsgeschäft, das der Minderjährige ohne die erforderliche Einwilligung des gesetzlichen Vertreters vornimmt, ist unwirksam. Nimmt der Minderjährige mit dieser Einwilligung ein solches Rechtsgeschäft einem anderen gegenüber vor, so ist das Rechtsgeschäft unwirksam, wenn der Minderjährige die Einwilligung nicht in schriftlicher Form vorlegt und der andere das Rechtsgeschäft aus diesem Grunde unverzüglich zurückweist. Die Zurückweisung ist ausgeschlossen, wenn der Vertreter den anderen von der Einwilligung in Kenntnis gesetzt hatte.

§ 112
Selbständiger Betrieb eines Erwerbsgeschäfts

(1) Ermächtigt der gesetzliche Vertreter mit Genehmigung des Vormundschaftsgerichts den Minderjährigen zum selbständigen Betrieb eines Erwerbsgeschäfts, so ist der Minderjährige für solche Rechtsgeschäfte unbeschränkt geschäftsfähig, welche der Geschäftsbetrieb mit sich bringt. Ausgenommen sind Rechtsgeschäfte, zu denen der Vertreter der Genehmigung des Vormundschaftsgerichts bedarf.

(2) Die Ermächtigung kann von dem Vertreter nur mit Genehmigung des Vormundschaftsgerichts zurückgenommen werden.

§ 113
Dienst- oder Arbeitsverhältnis

(1) Ermächtigt der gesetzliche Vertreter den Minderjährigen, in Dienst oder in Arbeit zu treten, so ist der Minderjährige für solche Rechtsgeschäfte unbeschränkt geschäftsfähig, welche die Eingehung oder Aufhebung eines Dienst- oder Arbeitsverhältnisses der gestatteten Art oder die Erfüllung der sich aus einem solchen Verhältnis ergebenden Verpflichtungen betreffen. Ausgenommen sind Verträge, zu denen der Vertreter der Genehmigung des Vormundschaftsgerichts bedarf.

(2) Die Ermächtigung kann von dem Vertreter zurückgenommen oder eingeschränkt werden.

(3) Ist der gesetzliche Vertreter ein Vormund, so kann die Ermächtigung, wenn sie von ihm verweigert wird, auf Antrag des Minderjährigen durch das Vormundschaftsgericht ersetzt werden. Das Vormundschaftsgericht hat die Ermächtigung zu ersetzen, wenn sie im Interesse des Mündels liegt.

(4) Die für einen einzelnen Fall erteilte Ermächtigung gilt im Zweifel als allgemeine Ermächtigung zur Eingehung von Verhältnissen derselben Art.

§ 164

Wirkung der Erklärung des Vertreters

(1) Eine Willenserklärung, die jemand innerhalb der ihm zustehenden Vertretungsmacht im Namen des Vertretenen abgibt, wirkt unmittelbar für und gegen den Vertretenen. Es macht keinen Unterschied, ob die Erklärung ausdrücklich im Namen des Vertretenen erfolgt oder ob die Umstände ergeben, dass sie in dessen Namen erfolgen soll.

(2) Tritt der Wille, in fremdem Namen zu handeln, nicht erkennbar hervor, so kommt der Mangel des Willens, im eigenen Namen zu handeln, nicht in Betracht.

(3) Die Vorschriften des Absatzes 1 finden entsprechende Anwendung, wenn eine gegenüber einem anderen abzugebende Willenserklärung dessen Vertreter gegenüber erfolgt.

§ 167

Erteilung der Vollmacht

(1) Die Erteilung der Vollmacht erfolgt durch Erklärung gegenüber dem zu Bevollmächtigenden oder dem Dritten, dem gegenüber die Vertretung stattfinden soll.
(2) Die Erklärung bedarf nicht der Form, welche für das Rechtsgeschäft bestimmt ist, auf das sich die Vollmacht bezieht.

§ 168

Erlöschen der Vollmacht

Das Erlöschen der Vollmacht bestimmt sich nach dem ihrer Erteilung zugrunde liegenden Rechtsverhältnis. Die Vollmacht ist auch bei dem Fortbestehen des Rechtsverhältnisses widerruflich, sofern sich nicht aus diesem ein anderes ergibt. Auf die Erklärung des Widerrufs findet die Vorschrift des § 167 Abs. 1 entsprechende Anwendung.

§ 169

Vollmacht des Beauftragten und des geschäftsführenden Gesellschafters

Soweit nach den §§ 674, 729 die erloschene Vollmacht eines Beauftragten oder eines geschäftsführenden Gesellschafters als fortbestehend gilt, wirkt sie nicht zugunsten eines Dritten, der bei der Vornahme eines Rechtsgeschäfts das Erlöschen kennt oder kennen muss.

170

Wirkungsdauer der Vollmacht

Wird die Vollmacht durch Erklärung gegenüber einem Dritten erteilt, so bleibt sie diesem gegenüber in Kraft, bis ihm das Erlöschen von dem Vollmachtgeber angezeigt wird.

§ 172

Vollmachtsurkunde

(1) Der besonderen Mitteilung einer Bevollmächtigung durch den Vollmachtgeber steht es gleich, wenn dieser dem Vertreter eine Vollmachtsurkunde ausgehändigt hat und der Vertreter sie dem Dritten vorlegt.
(2) Die Vertretungsmacht bleibt bestehen, bis die Vollmachtsurkunde dem Vollmachtgeber zurückgegeben oder für kraftlos erklärt wird.

§ 179

Haftung des Vertreters ohne Vertretungsmacht

(1) Wer als Vertreter einen Vertrag geschlossen hat, ist, sofern er nicht seine Vertretungsmacht nachweist, dem anderen Teil nach dessen Wahl zur Erfüllung oder zum Schadensersatz verpflichtet, wenn der Vertretene die Genehmigung des Vertrags verweigert.

(2) Hat der Vertreter den Mangel der Vertretungsmacht nicht gekannt, so ist er nur zum Ersatz desjenigen Schadens verpflichtet, welchen der andere Teil dadurch erleidet, dass er auf die Vertretungsmacht

vertraut, jedoch nicht über den Betrag des Interesses hinaus, welches der andere Teil an der Wirksamkeit des Vertrags hat.

(3) Der Vertreter haftet nicht, wenn der andere Teil den Mangel der Vertretungsmacht kannte oder kennen musste. Der Vertreter haftet auch dann nicht, wenn er in der Geschäftsfähigkeit beschränkt war, es sei denn, dass er mit Zustimmung seines gesetzlichen Vertreters gehandelt hat.

§ 611

Vertragstypische Pflichten beim Dienstvertrag

(1) Durch den Dienstvertrag wird derjenige, welcher Dienste zusagt, zur Leistung der versprochenen Dienste, der andere Teil zur Gewährung der vereinbarten Vergütung verpflichtet.

(2) Gegenstand des Dienstvertrags können Dienste jeder Art sein.

§ 621

Kündigungsfristen bei Dienstverhältnissen

Bei einem Dienstverhältnis, das kein Arbeitsverhältnis im Sinne des § 622 ist, ist die Kündigung zulässig,

1. wenn die Vergütung nach Tagen bemessen ist, an jedem Tag für den Ablauf des folgenden Tages;
2. wenn die Vergütung nach Wochen bemessen ist, spätestens am ersten Werktag einer Woche für den Ablauf des folgenden Sonnabends;
3. wenn die Vergütung nach Monaten bemessen ist, spätestens am 15. eines Monats für den Schluss des Kalendermonats;
4. wenn die Vergütung nach Vierteljahren oder längeren Zeitabschnitten bemessen ist, unter Einhaltung einer Kündigungsfrist von sechs Wochen für den Schluss eines Kalendervierteljahrs;
5. wenn die Vergütung nicht nach Zeitabschnitten bemessen ist, jederzeit; bei einem die Erwerbstätigkeit des Verpflichteten vollständig oder hauptsächlich in Anspruch nehmenden Dienstverhältnis ist jedoch eine Kündigungsfrist von zwei Wochen einzuhalten.

§ 622

Kündigungsfristen bei Arbeitsverhältnissen

(1) Das Arbeitsverhältnis eines Arbeiters oder eines Angestellten (Arbeitnehmers) kann mit einer Frist von vier Wochen zum Fünfzehnten oder zum Ende eines Kalendermonats gekündigt werden.

(2) Für eine Kündigung durch den Arbeitgeber beträgt die Kündigungsfrist, wenn das Arbeitsverhältnis in dem Betrieb oder Unternehmen

1. zwei Jahre bestanden hat, einen Monat zum Ende eines Kalendermonats,
2. fünf Jahre bestanden hat, zwei Monate zum Ende eines Kalendermonats,
3. acht Jahre bestanden hat, drei Monate zum Ende eines Kalendermonats,
4. zehn Jahre bestanden hat, vier Monate zum Ende eines Kalendermonats,
5. zwölf Jahre bestanden hat, fünf Monate zum Ende eines Kalendermonats,
6. 15 Jahre bestanden hat, sechs Monate zum Ende eines Kalendermonats,
7. 20 Jahre bestanden hat, sieben Monate zum Ende eines Kalendermonats.

Bei der Berechnung der Beschäftigungsdauer werden Zeiten, die vor der Vollendung des 25. Lebensjahrs des Arbeitnehmers liegen, nicht berücksichtigt.

(3) Während einer vereinbarten Probezeit, längstens für die Dauer von sechs Monaten, kann das Arbeitsverhältnis mit einer Frist von zwei Wochen gekündigt werden.

(4) Von den Absätzen 1 bis 3 abweichende Regelungen können durch Tarifvertrag vereinbart werden. Im Geltungsbereich eines solchen Tarifvertrags gelten die abweichenden tarifvertraglichen Bestimmungen zwischen nicht tarifgebundenen Arbeitgebern und Arbeitnehmern, wenn ihre Anwendung zwischen ihnen vereinbart ist.

(5) Einzelvertraglich kann eine kürzere als die in Absatz 1 genannte Kündigungsfrist nur vereinbart werden,

1. wenn ein Arbeitnehmer zur vorübergehenden Aushilfe eingestellt ist; dies gilt nicht, wenn das Arbeitsverhältnis über die Zeit von drei Monaten hinaus fortgesetzt wird;
2. wenn der Arbeitgeber in der Regel nicht mehr als 20 Arbeitnehmer ausschließlich der zu ihrer Be-

rufsbildung Beschäftigten beschäftigt und die Kündigungsfrist vier Wochen nicht unterschreitet.
Bei der Feststellung der Zahl der beschäftigten Arbeitnehmer sind teilzeitbeschäftigte Arbeitnehmer mit einer regelmäßigen wöchentlichen Arbeitszeit von nicht mehr als 20 Stunden mit 0,5 und nicht mehr als 30 Stunden mit 0,75 zu berücksichtigen. Die einzelvertragliche Vereinbarung längerer als der in den Absätzen 1 bis 3 genannten Kündigungsfristen bleibt hiervon unberührt.

(6) Für die Kündigung des Arbeitsverhältnisses durch den Arbeitnehmer darf keine längere Frist vereinbart werden als für die Kündigung durch den Arbeitgeber.

§ 623

Schriftform der Kündigung

Die Beendigung von Arbeitsverhältnissen durch Kündigung oder Auflösungsvertrag bedürfen zu ihrer Wirksamkeit der Schriftform; die elektronische Form ist ausgeschlossen.

§ 625

Stillschweigende Verlängerung

Wird das Dienstverhältnis nach dem Ablauf der Dienstzeit von dem Verpflichteten mit Wissen des anderen Teiles fortgesetzt, so gilt es als auf unbestimmte Zeit verlängert, sofern nicht der andere Teil unverzüglich widerspricht.

§ 626

Fristlose Kündigung aus wichtigem Grund

(1) Das Dienstverhältnis kann von jedem Vertragsteil aus wichtigem Grund ohne Einhaltung einer Kündigungsfrist gekündigt werden, wenn Tatsachen vorliegen, auf Grund derer dem Kündigenden unter Berücksichtigung aller Umstände des Einzelfalles und unter Abwägung der Interessen beider Vertragsteile die Fortsetzung des Dienstverhältnisses bis zum Ablauf der Kündigungsfrist oder bis zu der vereinbarten Beendigung des Dienstverhältnisses nicht zugemutet werden kann.

(2) Die Kündigung kann nur innerhalb von zwei Wochen erfolgen. Die Frist beginnt mit dem Zeitpunkt, in dem der Kündigungsberechtigte von den für die Kündigung maßgebenden Tatsachen Kenntnis erlangt. Der Kündigende muss dem anderen Teil auf Verlangen den Kündigungsgrund unverzüglich schriftlich mitteilen.

§ 630

Pflicht zur Zeugniserteilung

Bei der Beendigung eines dauernden Dienstverhältnisses kann der Verpflichtete von dem anderen Teil ein schriftliches Zeugnis über das Dienstverhältnis und dessen Dauer fordern. Das Zeugnis ist auf Verlangen auf die Leistungen und die Führung im Dienst zu erstrecken. Die Erteilung des Zeugnisses in elektronischer Form ist ausgeschlossen. Wenn der Verpflichtete ein Arbeitnehmer ist, findet § 109 der Gewerbeordnung Anwendung.

Kündigungsschutzgesetz (KSchG)

§ 1

Sozial ungerechtfertigte Kündigungen

(1) Die Kündigung des Arbeitsverhältnisses gegenüber einem Arbeitnehmer, dessen Arbeitsverhältnis in demselben Betrieb oder Unternehmen ohne Unterbrechung länger als sechs Monate bestanden hat, ist rechtsunwirksam, wenn sie sozial ungerechtfertigt ist.

(2) Sozial ungerechtfertigt ist die Kündigung, wenn sie nicht durch Gründe, die in der Person oder in dem Verhalten des Arbeitnehmers liegen, oder durch dringende betriebliche Erfordernisse, die einer Weiterbeschäftigung des Arbeitnehmers in diesem Betrieb entgegenstehen, bedingt ist. Die Kündigung ist auch sozial ungerechtfertigt, wenn

1. in Betrieben des privaten Rechts
   a) die Kündigung gegen eine Richtlinie nach § 95 des Betriebsverfassungsgesetzes verstößt,
   b) der Arbeitnehmer an einem anderen Arbeitsplatz in demselben Betrieb oder in einem anderen Betrieb des Unternehmens weiterbeschäftigt werden kann und der Betriebsrat oder eine andere nach dem Betriebsverfassungsgesetz insoweit zuständige Vertretung der Arbeitnehmer aus einem dieser Gründe der Kündigung innerhalb der Frist des § 102 Abs. 2 Satz 1 des Betriebsverfassungsgesetzes schriftlich widersprochen hat,
2. in Betrieben und Verwaltungen des öffentlichen Rechts
   a) die Kündigung gegen eine Richtlinie über die personelle Auswahl bei Kündigungen verstößt,
   b) der Arbeitnehmer an einem anderen Arbeitsplatz in derselben Dienststelle oder in einer anderen Dienststelle desselben Verwaltungszweiges an demselben Dienstort einschließlich seines Einzugsgebietes weiterbeschäftigt werden kann und die zuständige Personalvertretung aus einem dieser Gründe fristgerecht gegen die Kündigung Einwendungen erhoben hat, es sei denn, daß die Stufenvertretung in der Verhandlung mit der übergeordneten Dienststelle die Einwendungen nicht aufrechterhalten hat.

Satz 2 gilt entsprechend, wenn die Weiterbeschäftigung des Arbeitnehmers nach zumutbaren Umschulungs- oder Fortbildungsmaßnahmen oder eine Weiterbeschäftigung des Arbeitnehmers unter geänderten Arbeitsbedingungen möglich ist und der Arbeitnehmer sein Einverständnis hiermit erklärt hat. Der Arbeitgeber hat die Tatsachen zu beweisen, die die Kündigung bedingen.

(3) Ist einem Arbeitnehmer aus dringenden betrieblichen Erfordernissen im Sinne des Absatzes 2 gekündigt worden, so ist die Kündigung trotzdem sozial ungerechtfertigt, wenn der Arbeitgeber bei der Auswahl des Arbeitnehmers die Dauer der Betriebszugehörigkeit, das Lebensalter, die Unterhaltspflichten und die Schwerbehinderung des Arbeitnehmers nicht oder nicht ausreichend berücksichtigt hat; auf Verlangen des Arbeitnehmers hat der Arbeitgeber dem Arbeitnehmer die Gründe anzugeben, die zu der getroffenen sozialen Auswahl geführt haben. In die soziale Auswahl nach Satz 1 sind Arbeitnehmer nicht einzubeziehen, deren Weiterbeschäftigung, insbesondere wegen ihrer Kenntnisse, Fähigkeiten und Leistungen oder zur Sicherung einer ausgewogenen Personalstruktur des Betriebes, im berechtigten betrieblichen Interesse liegt. Der Arbeitnehmer hat die Tatsachen zu beweisen, die die Kündigung als sozial ungerechtfertigt im Sinne des Satzes 1 erscheinen lassen.

(4) Ist in einem Tarifvertrag, in einer Betriebsvereinbarung nach § 95 des Betriebsverfassungsgesetzes oder in einer entsprechenden Richtlinie nach den Personalvertretungsgesetzen festgelegt, wie die sozialen Gesichtspunkte nach Absatz 3 Satz 1 im Verhältnis zueinander zu bewerten sind, so kann die Bewertung nur auf grobe Fehlerhaftigkeit überprüft werden.

(5) Sind bei einer Kündigung auf Grund einer Betriebsänderung nach § 111 des Betriebsverfassungsgesetzes die Arbeitnehmer, denen gekündigt werden soll, in einem Interessenausgleich zwischen Arbeitgeber und Betriebsrat namentlich bezeichnet, so wird vermutet, dass die Kündigung durch dringende betriebliche Erfordernisse im Sinne des Absatzes 2 bedingt ist. Die soziale Auswahl der Arbeitnehmer kann nur auf grobe Fehlerhaftigkeit überprüft werden. Die Sätze 1 und 2 gelten nicht, soweit sich die Sachlage nach Zustandekommen des Interessenausgleichs wesentlich geändert hat. Der Interessenausgleich nach Satz 1 ersetzt die Stellungnahme des Betriebsrates nach § 17 Abs. 3 Satz 2.

§ 1a

Abfindungsanspruch bei betriebsbedingter Kündigung

(1) Kündigt der Arbeitgeber wegen dringender betrieblicher Erfordernisse nach § 1 Abs. 2 Satz 1 und erhebt der Arbeitnehmer bis zum Ablauf der Frist des § 4 Satz 1 keine Klage auf Feststellung, dass das Arbeitsverhältnis durch die Kündigung nicht aufgelöst ist, hat der Arbeitnehmer mit dem Ablauf der Kündigungsfrist Anspruch auf eine Abfindung. Der Anspruch setzt den Hinweis des Arbeitgebers in der Kündigungserklärung voraus, dass die Kündigung auf dringende betriebliche Erfordernisse gestützt ist und der Arbeitnehmer bei Verstreichenlassen der Klagefrist die Abfindung beanspruchen kann.

(2) Die Höhe der Abfindung beträgt 0,5 Monatsverdienste für jedes Jahr des Bestehens des Arbeitsverhältnisses. § 10 Abs. 3 gilt entsprechend. Bei der Ermittlung der Dauer des Arbeitsverhältnisses ist ein Zeitraum von mehr als sechs Monaten auf ein volles Jahr aufzurunden.

§ 15
Unzulässigkeit der Kündigung

(1) Die Kündigung eines Mitglieds eines Betriebsrats, einer Jugend- und Auszubildendenvertretung, einer Bordvertretung oder eines Seebetriebsrats ist unzulässig, es sei denn, daß Tatsachen vorliegen, die den Arbeitgeber zur Kündigung aus wichtigem Grund ohne Einhaltung einer Kündigungsfrist berechtigen, und daß die nach § 103 des Betriebsverfassungsgesetzes erforderliche Zustimmung vorliegt oder durch gerichtliche Entscheidung ersetzt ist. Nach Beendigung der Amtszeit ist die Kündigung eines Mitglieds eines Betriebsrats, einer Jugend- und Auszubildendenvertretung oder eines Seebetriebsrats innerhalb eines Jahres, die Kündigung eines Mitglieds einer Bordvertretung innerhalb von sechs Monaten, jeweils vom Zeitpunkt der Beendigung der Amtszeit an gerechnet, unzulässig, es sei denn, daß Tatsachen vorliegen, die den Arbeitgeber zur Kündigung aus wichtigem Grund ohne Einhaltung einer Kündigungsfrist berechtigen; dies gilt nicht, wenn die Beendigung der Mitgliedschaft auf einer gerichtlichen Entscheidung beruht.

(2) Die Kündigung eines Mitglieds einer Personalvertretung, einer Jugend- und Auszubildendenvertretung oder einer Jugendvertretung ist unzulässig, es sei denn, daß Tatsachen vorliegen, die den Arbeitgeber zur Kündigung aus wichtigem Grund ohne Einhaltung einer Kündigungsfrist berechtigen, und daß die nach dem Personalvertretungsrecht erforderliche Zustimmung vorliegt oder durch gerichtliche Entscheidung ersetzt ist. Nach Beendigung der Amtszeit der in Satz 1 genannten Personen ist ihre Kündigung innerhalb eines Jahres, vom Zeitpunkt der Beendigung der Amtszeit an gerechnet, unzulässig, es sei denn, daß Tatsachen vorliegen, die den Arbeitgeber zur Kündigung aus wichtigem Grund ohne Einhaltung einer Kündigungsfrist berechtigen; dies gilt nicht, wenn die Beendigung der Mitgliedschaft auf einer gerichtlichen Entscheidung beruht.

(3) Die Kündigung eines Mitglieds eines Wahlvorstands ist vom Zeitpunkt seiner Bestellung an, die Kündigung eines Wahlbewerbers vom Zeitpunkt der Aufstellung des Wahlvorschlags an, jeweils bis zur Bekanntgabe des Wahlergebnisses unzulässig, es sei denn, daß Tatsachen vorliegen, die den Arbeitgeber zur Kündigung aus wichtigem Grund ohne Einhaltung einer Kündigungsfrist berechtigen, und daß die nach § 103 des Betriebsverfassungsgesetzes oder nach dem Personalvertretungsrecht erforderliche Zustimmung vorliegt oder durch eine gerichtliche Entscheidung ersetzt ist. Innerhalb von sechs Monaten nach Bekanntgabe des Wahlergebnisses ist die Kündigung unzulässig, es sei denn, daß Tatsachen vorliegen, die den Arbeitgeber zur Kündigung aus wichtigem Grund ohne Einhaltung einer Kündigungsfrist berechtigen; dies gilt nicht für Mitglieder des Wahlvorstands, wenn dieser durch gerichtliche Entscheidung durch einen anderen Wahlvorstand ersetzt worden ist.

(3a) Die Kündigung eines Arbeitnehmers, der zu einer Betriebs-, Wahl- oder Bordversammlung nach § 17 Abs. 3, § 17a Nr. 3 Satz 2, § 115 Abs. 2 Nr. 8 Satz 1 des Betriebsverfassungsgesetzes einlädt oder die Bestellung eines Wahlvorstands nach § 16 Abs. 2 Satz 1, § 17 Abs. 4, § 17a Nr. 4, § 63 Abs. 3, § 115 Abs. 2 Nr. 8 Satz 2 oder § 116 Abs. 2 Nr. 7 Satz 5 des Betriebsverfassungsgesetzes beantragt, ist vom Zeitpunkt der Einladung oder Antragstellung an bis zur Bekanntgabe des Wahlergebnisses unzulässig, es sei denn, dass Tatsachen vorliegen, die den Arbeitgeber zur Kündigung aus wichtigem Grund ohne Einhaltung einer Kündigungsfrist berechtigen; der Kündigungsschutz gilt für die ersten drei in der Einladung oder Antragstellung aufgeführten Arbeitnehmer. Wird ein Betriebsrat, eine Jugend- und Auszubildendenvertretung, eine Bordvertretung oder ein Seebetriebsrat nicht gewählt, besteht der Kündigungsschutz nach Satz 1 vom Zeitpunkt der Einladung oder Antragstellung an drei Monate.

(4) Wird der Betrieb stillgelegt, so ist die Kündigung der in den Absätzen 1 bis 3 genannten Personen frühestens zum Zeitpunkt der Stillegung zulässig, es sei denn, daß ihre Kündigung zu einem früheren Zeitpunkt durch zwingende betriebliche Erfordernisse bedingt ist.

(5) Wird eine der in den Absätzen 1 bis 3 genannten Personen in einer Betriebsabteilung beschäftigt, die stillgelegt wird, so ist sie in eine andere Betriebsabteilung zu übernehmen. Ist dies aus betrieblichen Gründen nicht möglich, so findet auf ihre Kündigung die Vorschrift des Absatzes 4 über die Kündigung bei Stillegung des Betriebs sinngemäß Anwendung.

§ 23
Geltungsbereich

(1) Die Vorschriften des Ersten und Zweiten Abschnitts gelten für Betriebe und Verwaltungen des privaten und des öffentlichen Rechts, vorbehaltlich der Vorschriften des § 24 für die Seeschiffahrts-, Binnenschiffahrts- und Luftverkehrsbetriebe. Die Vorschriften des Ersten Abschnitts gelten mit Ausnahme

der §§ 4 bis 7 und des § 13 Abs. 1 Satz 1 und 2 nicht für Betriebe und Verwaltungen, in denen in der Regel fünf oder weniger Arbeitnehmer ausschließlich der zu ihrer Berufsbildung Beschäftigten beschäftigt werden. In Betrieben und Verwaltungen, in denen in der Regel zehn oder weniger Arbeitnehmer ausschließlich der zu ihrer Berufsbildung Beschäftigten beschäftigt werden, gelten die Vorschriften des Ersten Abschnitts mit Ausnahme der §§ 4 bis 7 und des § 13 Abs. 1 Satz 1 und 2 nicht für Arbeitnehmer, deren Arbeitsverhältnis nach dem 31. Dezember 2003 begonnen hat; diese Arbeitnehmer sind bei der Feststellung der Zahl der beschäftigten Arbeitnehmer nach Satz 2 bis zur Beschäftigung von in der Regel zehn Arbeitnehmern nicht zu berücksichtigen. Bei der Feststellung der Zahl der beschäftigten Arbeitnehmer nach den Sätzen 2 und 3 sind teilzeitbeschäftigte Arbeitnehmer mit einer regelmäßigen wöchentlichen Arbeitszeit von nicht mehr als 20 Stunden mit 0,5 und nicht mehr als 30 Stunden mit 0,75 zu berücksichtigen.

(2) Die Vorschriften des Dritten Abschnitts gelten für Betriebe und Verwaltungen des privaten Rechts sowie für Betriebe, die von einer öffentlichen Verwaltung geführt werden, soweit sie wirtschaftliche Zwecke verfolgen. Sie gelten nicht für Seeschiffe und ihre Besatzung.

Handelsgesetzbuch (HGB)

§ 48

(1) Die Prokura kann nur von dem Inhaber des Handelsgeschäfts oder seinem gesetzlichen Vertreter und nur mittels ausdrücklicher Erklärung erteilt werden.

(2) Die Erteilung kann an mehrere Personen gemeinschaftlich erfolgen (Gesamtprokura).

§ 49

(1) Die Prokura ermächtigt zu allen Arten von gerichtlichen und außergerichtlichen Geschäften und Rechtshandlungen, die der Betrieb eines Handelsgewerbes mit sich bringt.

(2) Zur Veräußerung und Belastung von Grundstücken ist der Prokurist nur ermächtigt, wenn ihm diese Befugnis besonders erteilt ist.

§ 50

(1) Eine Beschränkung des Umfanges der Prokura ist Dritten gegenüber unwirksam.

(2) Dies gilt insbesondere von der Beschränkung, daß die Prokura nur für gewisse Geschäfte oder gewisse Arten von Geschäften oder nur unter gewissen Umständen oder für eine gewisse Zeit oder an einzelnen Orten ausgeübt werden soll.

(3) Eine Beschränkung der Prokura auf den Betrieb einer von mehreren Niederlassungen des Geschäftsinhabers ist Dritten gegenüber nur wirksam, wenn die Niederlassungen unter verschiedenen Firmen betrieben werden. Eine Verschiedenheit der Firmen im Sinne dieser Vorschrift wird auch dadurch begründet, daß für eine Zweigniederlassung der Firma ein Zusatz beigefügt wird, der sie als Firma der Zweigniederlassung bezeichnet.

§ 51

Der Prokurist hat in der Weise zu zeichnen, daß er der Firma seinen Namen mit einem die Prokura andeutenden Zusatze beifügt.

§ 52

(1) Die Prokura ist ohne Rücksicht auf das der Erteilung zugrunde liegende Rechtsverhältnis jederzeit widerruflich, unbeschadet des Anspruchs auf die vertragsmäßige Vergütung.

(2) Die Prokura ist nicht übertragbar.

(3) Die Prokura erlischt nicht durch den Tod des Inhabers des Handelsgeschäfts.

§ 53

(1) Die Erteilung der Prokura ist von dem Inhaber des Handelsgeschäfts zur Eintragung in das Handelsregister anzumelden. Ist die Prokura als Gesamtprokura erteilt, so muß auch dies zur Eintragung angemeldet werden.

(2) Der Prokurist hat seine Namensunterschrift unter Angabe der Firma und eines die Prokura andeutenden Zusatzes zur Aufbewahrung bei dem Gericht zu zeichnen.

(3) Das Erlöschen der Prokura ist in gleicher Weise wie die Erteilung zur Eintragung anzumelden.

§ 54

(1) Ist jemand ohne Erteilung der Prokura zum Betrieb eines Handelsgewerbes oder zur Vornahme einer bestimmten zu einem Handelsgewerbe gehörigen Art von Geschäften oder zur Vornahme einzelner zu einem Handelsgewerbe gehöriger Geschäfte ermächtigt, so erstreckt sich die Vollmacht (Handlungsvollmacht) auf alle Geschäfte und Rechtshandlungen, die der Betrieb eines derartigen Handelsgewerbes oder die Vornahme derartiger Geschäfte gewöhnlich mit sich bringt.

(2) Zur Veräußerung oder Belastung von Grundstücken, zur Eingehung von Wechselverbindlichkeiten, zur Aufnahme von Darlehen und zur Prozeßführung ist der Handlungsbevollmächtigte nur ermächtigt, wenn ihm eine solche Befugnis besonders erteilt ist.

(3) Sonstige Beschränkungen der Handlungsvollmacht braucht ein Dritter nur dann gegen sich gelten zu lassen, wenn er sie kannte oder kennen mußte.

§ 55

(1) Die Vorschriften des § 54 finden auch Anwendung auf Handlungsbevollmächtigte, die Handelsvertreter sind oder die als Handlungsgehilfen damit betraut sind, außerhalb des Betriebes des Prinzipals Geschäfte in dessen Namen abzuschließen.

(2) Die ihnen erteilte Vollmacht zum Abschluß von Geschäften bevollmächtigt sie nicht, abgeschlossene Verträge zu ändern, insbesondere Zahlungsfristen zu gewähren.

(3) Zur Annahme von Zahlungen sind sie nur berechtigt, wenn sie dazu bevollmächtigt sind.

(4) Sie gelten als ermächtigt, die Anzeige von Mängeln einer Ware, die Erklärung, daß eine Ware zur Verfügung gestellt werde, sowie ähnliche Erklärungen, durch die ein Dritter seine Rechte aus mangelhafter Leistung geltend macht oder sie vorbehält, entgegenzunehmen; sie können die dem Unternehmer (Prinzipal) zustehenden Rechte auf Sicherung des Beweises geltend machen.

§ 56

Wer in einem Laden oder in einem offenen Warenlager angestellt ist, gilt als ermächtigt zu Verkäufen und Empfangnahmen, die in einem derartigen Laden oder Warenlager gewöhnlich geschehen.

§ 57

Der Handlungsbevollmächtigte hat sich bei der Zeichnung jedes eine Prokura andeutenden Zusatzes zu enthalten; er hat mit einem das Vollmachtsverhältnis ausdrückenden Zusatze zu zeichnen.

§ 58

Der Handlungsbevollmächtigte kann ohne Zustimmung des Inhabers des Handelsgeschäfts seine Handlungsvollmacht auf einen anderen nicht übertragen.

Mutterschutzgesetz (MuSchG)

§ 9

Kündigungsverbot

(1) Die Kündigung gegenüber einer Frau während der Schwangerschaft und bis zum Ablauf von vier Monaten nach der Entbindung ist unzulässig, wenn dem Arbeitgeber zur Zeit der Kündigung die Schwangerschaft oder Entbindung bekannt war oder innerhalb zweier Wochen nach Zugang der Kündigung mitgeteilt wird; das Überschreiten dieser Frist ist unschädlich, wenn es auf einem von der Frau nicht zu vertretenden Grund beruht und die Mitteilung unverzüglich nachgeholt wird. ...

(3) Die für den Arbeitsschutz zuständige oberste Landesbehörde oder die von ihr bestimmte Stelle kann in besonderen Fällen, die nicht mit dem Zustand einer Frau während der Schwangerschaft oder ihrer Lage bis zum Ablauf von vier Monaten nach der Entbindung in Zusammenhang stehen, ausnahmswei-

se die Kündigung für zulässig erklären. Die Kündigung bedarf der schriftlichen Form, und sie muß den zulässigen Kündigungsgrund angeben.

Betriebsverfassungsgesetz (BetrVG)

§ 1 Errichtung von Betriebsräten

(1) In Betrieben mit in der Regel mindestens fünf ständigen wahlberechtigten Arbeitnehmern, von denen drei wählbar sind, werden Betriebsräte gewählt. Dies gilt auch für gemeinsame Betriebe mehrerer Unternehmen.

§ 7 Wahlberechtigung

Wahlberechtigt sind alle Arbeitnehmer des Betriebs, die das 18. Lebensjahr vollendet haben. Werden Arbeitnehmer eines anderen Arbeitgebers zur Arbeitsleistung überlassen, so sind diese wahlberechtigt, wenn sie länger als drei Monate im Betrieb eingesetzt werden.

§ 8 Wählbarkeit

(1) Wählbar sind alle Wahlberechtigten, die sechs Monate dem Betrieb angehören oder als in Heimarbeit Beschäftigte in der Hauptsache für den Betrieb gearbeitet haben. Auf diese sechsmonatige Betriebszugehörigkeit werden Zeiten angerechnet, in denen der Arbeitnehmer unmittelbar vorher einem anderen Betrieb desselben Unternehmens oder Konzerns (§ 18 Abs. 1 des Aktiengesetzes) angehört hat. Nicht wählbar ist, wer infolge strafgerichtlicher Verurteilung die Fähigkeit, Rechte aus öffentlichen Wahlen zu erlangen, nicht besitzt.

(2) Besteht der Betrieb weniger als sechs Monate, so sind abweichend von der Vorschrift in Absatz 1 über die sechsmonatige Betriebszugehörigkeit diejenigen Arbeitnehmer wählbar, die bei der Einleitung der Betriebsratswahl im Betrieb beschäftigt sind und die übrigen Voraussetzungen für die Wählbarkeit erfüllen.

§ 77 Durchführung gemeinsamer Beschlüsse, Betriebsvereinbarungen

(1) Vereinbarungen zwischen Betriebsrat und Arbeitgeber, auch soweit sie auf einem Spruch der Einigungsstelle beruhen, führt der Arbeitgeber durch, es sei denn, dass im Einzelfall etwas anderes vereinbart ist. Der Betriebsrat darf nicht durch einseitige Handlungen in die Leitung des Betriebs eingreifen.

(2) Betriebsvereinbarungen sind von Betriebsrat und Arbeitgeber gemeinsam zu beschließen und schriftlich niederzulegen. Sie sind von beiden Seiten zu unterzeichnen; dies gilt nicht, soweit Betriebsvereinbarungen auf einem Spruch der Einigungsstelle beruhen. Der Arbeitgeber hat die Betriebsvereinbarungen an geeigneter Stelle im Betrieb auszulegen.

(3) Arbeitsentgelte und sonstige Arbeitsbedingungen, die durch Tarifvertrag geregelt sind oder üblicherweise geregelt werden, können nicht Gegenstand einer Betriebsvereinbarung sein. Dies gilt nicht, wenn ein Tarifvertrag den Abschluss ergänzender Betriebsvereinbarungen ausdrücklich zulässt.

(4) Betriebsvereinbarungen gelten unmittelbar und zwingend. Werden Arbeitnehmern durch die Betriebsvereinbarung Rechte eingeräumt, so ist ein Verzicht auf sie nur mit Zustimmung des Betriebsrats zulässig. Die Verwirkung dieser Rechte ist ausgeschlossen. Ausschlussfristen für ihre Geltendmachung sind nur insoweit zulässig, als sie in einem Tarifvertrag oder einer Betriebsvereinbarung vereinbart werden; dasselbe gilt für die Abkürzung der Verjährungsfristen.

(5) Betriebsvereinbarungen können, soweit nichts anderes vereinbart ist, mit einer Frist von drei Monaten gekündigt werden.

(6) Nach Ablauf einer Betriebsvereinbarung gelten ihre Regelungen in Angelegenheiten, in denen ein Spruch der Einigungsstelle die Einigung zwischen Arbeitgeber und Betriebsrat ersetzen kann, weiter, bis sie durch eine andere Abmachung ersetzt werden.

§ 80 Allgemeine Aufgaben

(1) Der Betriebsrat hat folgende allgemeine Aufgaben:

1. darüber zu wachen, dass die zugunsten der Arbeitnehmer geltenden Gesetze, Verordnungen, Unfallverhütungsvorschriften, Tarifverträge und Betriebsvereinbarungen durchgeführt werden;

2. Maßnahmen, die dem Betrieb und der Belegschaft dienen, beim Arbeitgeber zu beantragen;
   a) die Durchsetzung der tatsächlichen Gleichstellung von Frauen und Männern, insbesondere bei der Einstellung, Beschäftigung, Aus-, Fort- und Weiterbildung und dem beruflichen Aufstieg, zu fördern;
   b) die Vereinbarkeit von Familie und Erwerbstätigkeit zu fördern;
3. Anregungen von Arbeitnehmern und der Jugend- und Auszubildendenvertretung entgegenzunehmen und, falls sie berechtigt erscheinen, durch Verhandlungen mit dem Arbeitgeber auf eine Erledigung hinzuwirken; er hat die betreffenden Arbeitnehmer über den Stand und das Ergebnis der Verhandlungen zu unterrichten;
4. die Eingliederung Schwerbehinderter und sonstiger besonders schutzbedürftiger Personen zu fördern;
5. die Wahl einer Jugend- und Auszubildendenvertretung vorzubereiten und durchzuführen und mit dieser zur Förderung der Belange der in § 60 Abs. 1 genannten Arbeitnehmer eng zusammenzuarbeiten; er kann von der Jugend- und Auszubildendenvertretung Vorschläge und Stellungnahmen anfordern;
6. die Beschäftigung älterer Arbeitnehmer im Betrieb zu fördern;
7. die Integration ausländischer Arbeitnehmer im Betrieb und das Verständnis zwischen ihnen und den deutschen Arbeitnehmern zu fördern, sowie Maßnahmen zur Bekämpfung von Rassismus und Fremdenfeindlichkeit im Betrieb zu beantragen;
8. die Beschäftigung im Betrieb zu fördern und zu sichern;
9. Maßnahmen des Arbeitsschutzes und des betrieblichen Umweltschutzes zu fördern.

(2) Zur Durchführung seiner Aufgaben nach diesem Gesetz ist der Betriebsrat rechtzeitig und umfassend vom Arbeitgeber zu unterrichten; die Unterrichtung erstreckt sich auch auf die Beschäftigung von Personen, die nicht in einem Arbeitsverhältnis zum Arbeitgeber stehen. Dem Betriebsrat sind auf Verlangen jederzeit die zur Durchführung seiner Aufgaben erforderlichen Unterlagen zur Verfügung zu stellen; in diesem Rahmen ist der Betriebsausschuss oder ein nach § 28 gebildeter Ausschuss berechtigt, in die Listen über die Bruttolöhne und -gehälter Einblick zu nehmen. Soweit es zur ordnungsgemäßen Erfüllung der Aufgaben des Betriebsrats erforderlich ist, hat der Arbeitgeber ihm sachkundige Arbeitnehmer als Auskunftspersonen zur Verfügung zu stellen; er hat hierbei die Vorschläge des Betriebsrats zu berücksichtigen, soweit betriebliche Notwendigkeiten nicht entgegenstehen.

(3) Der Betriebsrat kann bei der Durchführung seiner Aufgaben nach näherer Vereinbarung mit dem Arbeitgeber Sachverständige hinzuziehen, soweit dies zur ordnungsgemäßen Erfüllung seiner Aufgaben erforderlich ist.

(4) Für die Geheimhaltungspflicht der Auskunftspersonen und der Sachverständigen gilt § 79 entsprechend.

§ 81 Unterrichtungs- und Erörterungspflicht des Arbeitgebers

(1) Der Arbeitgeber hat den Arbeitnehmer über dessen Aufgabe und Verantwortung sowie über die Art seiner Tätigkeit und ihre Einordnung in den Arbeitsablauf des Betriebs zu unterrichten. Er hat den Arbeitnehmer vor Beginn der Beschäftigung über die Unfall- und Gesundheitsgefahren, denen dieser bei der Beschäftigung ausgesetzt ist, sowie über die Maßnahmen und Einrichtungen zur Abwendung dieser Gefahren und die nach § 10 Abs. 2 des Arbeitsschutzgesetzes getroffenen Maßnahmen zu belehren.

(2) Über Veränderungen in seinem Arbeitsbereich ist der Arbeitnehmer rechtzeitig zu unterrichten. Absatz 1 gilt entsprechend.

(3) In Betrieben, in denen kein Betriebsrat besteht, hat der Arbeitgeber die Arbeitnehmer zu allen Maßnahmen zu hören, die Auswirkungen auf Sicherheit und Gesundheit der Arbeitnehmer haben können.

(4) Der Arbeitgeber hat den Arbeitnehmer über die auf Grund einer Planung von technischen Anlagen, von Arbeitsverfahren und Arbeitsabläufen oder der Arbeitsplätze vorgesehenen Maßnahmen und ihre Auswirkungen auf seinen Arbeitsplatz, die Arbeitsumgebung sowie auf Inhalt und Art seiner Tätigkeit zu unterrichten. Sobald feststeht, dass sich die Tätigkeit des Arbeitnehmers ändern wird und seine beruflichen Kenntnisse und Fähigkeiten zur Erfüllung seiner Aufgaben nicht ausreichen, hat der Arbeitgeber mit dem Arbeitnehmer zu erörtern, wie dessen berufliche Kenntnisse und Fähigkeiten im Rahmen der betrieblichen Möglichkeiten den künftigen Anforderungen angepasst werden können. Der Arbeitnehmer kann bei der Erörterung ein Mitglied des Betriebsrats hinzuziehen.

§ 82 Anhörungs- und Erörterungsrecht des Arbeitnehmers

(1) Der Arbeitnehmer hat das Recht, in betrieblichen Angelegenheiten, die seine Person betreffen, von den nach Maßgabe des organisatorischen Aufbaus des Betriebs hierfür zuständigen Personen gehört zu werden. Er ist berechtigt, zu Maßnahmen des Arbeitgebers, die ihn betreffen, Stellung zu nehmen sowie Vorschläge für die Gestaltung des Arbeitsplatzes und des Arbeitsablaufs zu machen.

(2) Der Arbeitnehmer kann verlangen, dass ihm die Berechnung und Zusammensetzung seines Arbeitsentgelts erläutert und dass mit ihm die Beurteilung seiner Leistungen sowie die Möglichkeiten seiner beruflichen Entwicklung im Betrieb erörtert werden. Er kann ein Mitglied des Betriebsrats hinzuziehen. Das Mitglied des Betriebsrats hat über den Inhalt dieser Verhandlungen Stillschweigen zu bewahren, soweit es vom Arbeitnehmer im Einzelfall nicht von dieser Verpflichtung entbunden wird.

§ 83 Einsicht in die Personalakten

(1) Der Arbeitnehmer hat das Recht, in die über ihn geführten Personalakten Einsicht zu nehmen. Er kann hierzu ein Mitglied des Betriebsrats hinzuziehen. Das Mitglied des Betriebsrats hat über den Inhalt der Personalakte Stillschweigen zu bewahren, soweit es vom Arbeitnehmer im Einzelfall nicht von dieser Verpflichtung entbunden wird.
(2) Erklärungen des Arbeitnehmers zum Inhalt der Personalakte sind dieser auf sein Verlangen beizufügen.

§ 84 Beschwerderecht

(1) Jeder Arbeitnehmer hat das Recht, sich bei den zuständigen Stellen des Betriebs zu beschweren, wenn er sich vom Arbeitgeber oder von Arbeitnehmern des Betriebs benachteiligt oder ungerecht behandelt oder in sonstiger Weise beeinträchtigt fühlt. Er kann ein Mitglied des Betriebsrats zur Unterstützung oder Vermittlung hinzuziehen.

(2) Der Arbeitgeber hat den Arbeitnehmer über die Behandlung der Beschwerde zu bescheiden und, soweit er die Beschwerde für berechtigt erachtet, ihr abzuhelfen.

(3) Wegen der Erhebung einer Beschwerde dürfen dem Arbeitnehmer keine Nachteile entstehen.

§ 85 Behandlung von Beschwerden durch den Betriebsrat

(1) Der Betriebsrat hat Beschwerden von Arbeitnehmern entgegenzunehmen und, falls er sie für berechtigt erachtet, beim Arbeitgeber auf Abhilfe hinzuwirken.

(2) Bestehen zwischen Betriebsrat und Arbeitgeber Meinungsverschiedenheiten über die Berechtigung der Beschwerde, so kann der Betriebsrat die Einigungsstelle anrufen. Der Spruch der Einigungsstelle ersetzt die Einigung zwischen Arbeitgeber und Betriebsrat. Dies gilt nicht, soweit Gegenstand der Beschwerde ein Rechtsanspruch ist.

(3) Der Arbeitgeber hat den Betriebsrat über die Behandlung der Beschwerde zu unterrichten. § 84 Abs. 2 bleibt unberührt.

§ 86 Ergänzende Vereinbarungen

Durch Tarifvertrag oder Betriebsvereinbarung können die Einzelheiten des Beschwerdeverfahrens geregelt werden. Hierbei kann bestimmt werden, dass in den Fällen des § 85 Abs. 2 an die Stelle der Einigungsstelle eine betriebliche Beschwerdestelle tritt.

§ 87 Mitbestimmungsrechte

(1) Der Betriebsrat hat, soweit eine gesetzliche oder tarifliche Regelung nicht besteht, in folgenden Angelegenheiten mitzubestimmen:
1. Fragen der Ordnung des Betriebs und des Verhaltens der Arbeitnehmer im Betrieb;
2. Beginn und Ende der täglichen Arbeitszeit einschließlich der Pausen sowie Verteilung der Arbeitszeit auf die einzelnen Wochentage;
3. vorübergehende Verkürzung oder Verlängerung der betriebsüblichen Arbeitszeit;
4. Zeit, Ort und Art der Auszahlung der Arbeitsentgelte;
5. Aufstellung allgemeiner Urlaubsgrundsätze und des Urlaubsplans sowie die Festsetzung der zeitlichen Lage des Urlaubs für einzelne Arbeitnehmer, wenn zwischen dem Arbeitgeber und den betei-

ligten Arbeitnehmern kein Einverständnis erzielt wird;
6. Einführung und Anwendung von technischen Einrichtungen, die dazu bestimmt sind, das Verhalten oder die Leistung der Arbeitnehmer zu überwachen;
7. Regelungen über die Verhütung von Arbeitsunfällen und Berufskrankheiten sowie über den Gesundheitsschutz im Rahmen der gesetzlichen Vorschriften oder der Unfallverhütungsvorschriften;
8. Form, Ausgestaltung und Verwaltung von Sozialeinrichtungen, deren Wirkungsbereich auf den Betrieb, das Unternehmen oder den Konzern beschränkt ist;
9. Zuweisung und Kündigung von Wohnräumen, die den Arbeitnehmern mit Rücksicht auf das Bestehen eines Arbeitsverhältnisses vermietet werden, sowie die allgemeine Festlegung der Nutzungsbedingungen;
10. Fragen der betrieblichen Lohngestaltung, insbesondere die Aufstellung von Entlohnungsgrundsät zen und die Einführung und Anwendung von neuen Entlohnungsmethoden sowie deren Änderung;
11. Festsetzung der Akkord- und Prämiensätze und vergleichbarer leistungsbezogener Entgelte, einschließlich der Geldfaktoren;
12. Grundsätze über das betriebliche Vorschlagswesen;
13. Grundsätze über die Durchführung von Gruppenarbeit; Gruppenarbeit im Sinne dieser Vorschrift liegt vor, wenn im Rahmen des betrieblichen Arbeitsablaufs eine Gruppe von Arbeitnehmern eine ihr übertragene Gesamtaufgabe im Wesentlichen eigenverantwortlich erledigt.

(2) Kommt eine Einigung über eine Angelegenheit nach Absatz 1 nicht zustande, so entscheidet die Einigungsstelle. Der Spruch der Einigungsstelle ersetzt die Einigung zwischen Arbeitgeber und Betriebsrat.

§ 88 Freiwillige Betriebsvereinbarungen

Durch Betriebsvereinbarung können insbesondere geregelt werden
1. zusätzliche Maßnahmen zur Verhütung von Arbeitsunfällen und Gesundheitsschädigungen;
a) Maßnahmen des betrieblichen Umweltschutzes; ...
2. die Errichtung von Sozialeinrichtungen, deren Wirkungsbereich auf den Betrieb, das Unternehmen oder den Konzern beschränkt ist;
3. Maßnahmen zur Förderung der Vermögensbildung;
4. Maßnahmen zur Integration ausländischer Arbeitnehmer sowie zur Bekämpfung von Rassismus und Fremdenfeindlichkeit im Betrieb.

§ 89 Arbeits- und betrieblicher Umweltschutz

(1) Der Betriebsrat hat sich dafür einzusetzen, dass die Vorschriften über den Arbeitsschutz und die Unfallverhütung im Betrieb sowie über den betrieblichen Umweltschutz durchgeführt werden. Er hat bei der Bekämpfung von Unfall- und Gesundheitsgefahren die für den Arbeitsschutz zuständigen Behörden, die Träger der gesetzlichen Unfallversicherung und die sonstigen in Betracht kommenden Stellen durch Anregung, Beratung und Auskunft zu unterstützen.

(2) Der Arbeitgeber und die in Absatz 1 Satz 2 genannten Stellen sind verpflichtet, den Betriebsrat oder die von ihm bestimmten Mitglieder des Betriebsrats bei allen im Zusammenhang mit dem Arbeitsschutz oder der Unfallverhütung stehenden Besichtigungen und Fragen und bei Unfalluntersuchungen hinzuzuziehen. Der Arbeitgeber hat den Betriebsrat auch bei allen im Zusammenhang mit dem betrieblichen Umweltschutz stehenden Besichtigungen und Fragen hinzuzuziehen und ihm unverzüglich die den Arbeitsschutz, die Unfallverhütung und den betrieblichen Umweltschutz betreffenden Auflagen und Anordnungen der zuständigen Stellen mitzuteilen.

(3) Als betrieblicher Umweltschutz im Sinne dieses Gesetzes sind alle personellen und organisatorischen Maßnahmen sowie alle die betrieblichen Bauten, Räume, technische Anlagen, Arbeitsverfahren, Arbeitsabläufe und Arbeitsplätze betreffenden Maßnahmen zu verstehen, die dem Umweltschutz dienen. ...

§ 90 Unterrichtungs- und Beratungsrechte

Der Arbeitgeber hat den Betriebsrat über die Planung
1. von Neu-, Um- und Erweiterungsbauten von Fabrikations-, Verwaltungs- und sonstigen betrieblichen Räumen,
2. von technischen Anlagen,
3. von Arbeitsverfahren und Arbeitsabläufen oder

4. der Arbeitsplätze

rechtzeitig unter Vorlage der erforderlichen Unterlagen zu unterrichten.

(2) Der Arbeitgeber hat mit dem Betriebsrat die vorgesehenen Maßnahmen und ihre Auswirkungen auf die Arbeitnehmer, insbesondere auf die Art ihrer Arbeit sowie die sich daraus ergebenden Anforderungen an die Arbeitnehmer so rechtzeitig zu beraten, dass Vorschläge und Bedenken des Betriebsrats bei der Planung berücksichtigt werden können. Arbeitgeber und Betriebsrat sollen dabei auch die gesicherten arbeitswissenschaftlichen Erkenntnisse über die menschengerechte Gestaltung der Arbeit berücksichtigen.

§ 91 Mitbestimmungsrecht

Werden die Arbeitnehmer durch Änderungen der Arbeitsplätze, des Arbeitsablaufs oder der Arbeitsumgebung, die den gesicherten arbeitswissenschaftlichen Erkenntnissen über die menschengerechte Gestaltung der Arbeit offensichtlich widersprechen, in besonderer Weise belastet, so kann der Betriebsrat angemessene Maßnahmen zur Abwendung, Milderung oder zum Ausgleich der Belastung verlangen. Kommt eine Einigung nicht zustande, so entscheidet die Einigungsstelle. Der Spruch der Einigungsstelle ersetzt die Einigung zwischen Arbeitgeber und Betriebsrat.

§ 92 Personalplanung

(1) Der Arbeitgeber hat den Betriebsrat über die Personalplanung, insbesondere über den gegenwärtigen und künftigen Personalbedarf sowie über die sich daraus ergebenden personellen Maßnahmen und Maßnahmen der Berufsbildung an Hand von Unterlagen rechtzeitig und umfassend zu unterrichten. Er hat mit dem Betriebsrat über Art und Umfang der erforderlichen Maßnahmen und über die Vermeidung von Härten zu beraten.

(2) Der Betriebsrat kann dem Arbeitgeber Vorschläge für die Einführung einer Personalplanung und ihre Durchführung machen.

(3) Die Absätze 1 und 2 gelten entsprechend für Maßnahmen im Sinne des § 80 Abs.1 Nr. 2a und 2b, insbesondere für die Aufstellung und Durchführung von Maßnahmen zur Förderung der Gleichstellung von Frauen und Männern.

§ 93 Ausschreibung von Arbeitsplätzen

Der Betriebsrat kann verlangen, dass Arbeitsplätze, die besetzt werden sollen, allgemein oder für bestimmte Arten von Tätigkeiten vor ihrer Besetzung innerhalb des Betriebs ausgeschrieben werden.

§ 94 Personalfragebogen, Beurteilungsgrundsätze

(1) Personalfragebogen bedürfen der Zustimmung des Betriebsrats. Kommt eine Einigung über ihren Inhalt nicht zustande, so entscheidet die Einigungsstelle. Der Spruch der Einigungsstelle ersetzt die Einigung zwischen Arbeitgeber und Betriebsrat.

(2) Absatz 1 gilt entsprechend für persönliche Angaben in schriftlichen Arbeitsverträgen, die allgemein für den Betrieb verwendet werden sollen, sowie für die Aufstellung allgemeiner Beurteilungsgrundsätze.

§ 95 Auswahlrichtlinien

(1) Richtlinien über die personelle Auswahl bei Einstellungen, Versetzungen, Umgruppierungen und Kündigungen bedürfen der Zustimmung des Betriebsrats. Kommt eine Einigung über die Richtlinien oder ihren Inhalt nicht zustande, so entscheidet auf Antrag des Arbeitgebers die Einigungsstelle. Der Spruch der Einigungsstelle ersetzt die Einigung zwischen Arbeitgeber und Betriebsrat.

(2) In Betrieben mit mehr als 500 Arbeitnehmern kann der Betriebsrat die Aufstellung von Richtlinien über die bei Maßnahmen des Absatzes 1 Satz 1 zu beachtenden fachlichen und persönlichen Voraussetzungen und sozialen Gesichtspunkte verlangen. Kommt eine Einigung über die Richtlinien oder ihren Inhalt nicht zustande, so entscheidet die Einigungsstelle. Der Spruch der Einigungsstelle ersetzt die Einigung zwischen Arbeitgeber und Betriebsrat.

(3) Versetzung im Sinne dieses Gesetzes ist die Zuweisung eines anderen Arbeitsbereichs, die voraussichtlich die Dauer von einem Monat überschreitet, oder die mit einer erheblichen Änderung der Umstände verbunden ist, unter denen die Arbeit zu leisten ist. Werden Arbeitnehmer nach der Eigenart

ihres Arbeitsverhältnisses üblicherweise nicht ständig an einem bestimmten Arbeitsplatz beschäftigt, so gilt die Bestimmung des jeweiligen Arbeitsplatzes nicht als Versetzung.

§ 99 Mitbestimmung bei personellen Einzelmaßnahmen

(1) In Unternehmen mit in der Regel mehr als zwanzig wahlberechtigten Arbeitnehmern hat der Arbeitgeber den Betriebsrat vor jeder Einstellung, Eingruppierung, Umgruppierung und Versetzung zu unterrichten, ihm die erforderlichen Bewerbungsunterlagen vorzulegen und Auskunft über die Person der Beteiligten zu geben; er hat dem Betriebsrat unter Vorlage der erforderlichen Unterlagen Auskunft über die Auswirkungen der geplanten Maßnahme zu geben und die Zustimmung des Betriebsrats zu der geplanten Maßnahme einzuholen. Bei Einstellungen und Versetzungen hat der Arbeitgeber insbesondere den in Aussicht genommenen Arbeitsplatz und die vorgesehene Eingruppierung mitzuteilen. Die Mitglieder des Betriebsrats sind verpflichtet, über die ihnen im Rahmen der personellen Maßnahmen nach den Sätzen 1 und 2 bekannt gewordenen persönlichen Verhältnisse und Angelegenheiten der Arbeitnehmer, die ihrer Bedeutung oder ihrem Inhalt nach einer vertraulichen Behandlung bedürfen, Stillschweigen zu bewahren; § 79 Abs. 1 Satz 2 bis 4 gilt entsprechend.

(2) Der Betriebsrat kann die Zustimmung verweigern, wenn

1. die personelle Maßnahme gegen ein Gesetz, eine Verordnung, eine Unfallverhütungsvorschrift oder gegen eine Bestimmung in einem Tarifvertrag oder in einer Betriebsvereinbarung oder gegen eine gerichtliche Entscheidung oder eine behördliche Anordnung verstoßen würde,
2. die personelle Maßnahme gegen eine Richtlinie nach § 95 verstoßen würde,
3. die durch Tatsachen begründete Besorgnis besteht, dass infolge der personellen Maßnahme im Betrieb beschäftigte Arbeitnehmer gekündigt werden oder sonstige Nachteile erleiden, ohne dass dies aus betrieblichen oder persönlichen Gründen gerechtfertigt ist; als Nachteil gilt bei unbefristeter Einstellung auch die Nichtberücksichtigung eines gleich geeigneten befristet Beschäftigten,
4. der betroffene Arbeitnehmer durch die personelle Maßnahme benachteiligt wird, ohne dass dies aus betrieblichen oder in der Person des Arbeitnehmers liegenden Gründen gerechtfertigt ist,
5. eine nach § 93 erforderliche Ausschreibung im Betrieb unterblieben ist oder
6. die durch Tatsachen begründete Besorgnis besteht, dass der für die personelle Maßnahme in Aussicht genommene Bewerber oder Arbeitnehmer den Betriebsfrieden durch gesetzwidriges Verhalten oder durch grobe Verletzung der in § 75 Abs. 1 enthaltenen Grundsätze, insbesondere durch rassistische oder fremdenfeindliche Betätigung, insbesondere durch rassistische oder fremdenfeindliche Betätigung, stören werden.

(3) Verweigert der Betriebsrat seine Zustimmung, so hat er dies unter Angabe von Gründen innerhalb einer Woche nach Unterrichtung durch den Arbeitgeber diesem schriftlich mitzuteilen. Teilt der Betriebsrat dem Arbeitgeber die Verweigerung seiner Zustimmung nicht innerhalb der Frist schriftlich mit, so gilt die Zustimmung als erteilt.

(4) Verweigert der Betriebsrat seine Zustimmung, so kann der Arbeitgeber beim Arbeitsgericht beantragen, die Zustimmung zu ersetzen.

§ 102 Mitbestimmung bei Kündigungen

(1) Der Betriebsrat ist vor jeder Kündigung zu hören. Der Arbeitgeber hat ihm die Gründe für die Kündigung mitzuteilen. Eine ohne Anhörung des Betriebsrats ausgesprochene Kündigung ist unwirksam.

(2) Hat der Betriebsrat gegen eine ordentliche Kündigung Bedenken, so hat er diese unter Angabe der Gründe dem Arbeitgeber spätestens innerhalb einer Woche schriftlich mitzuteilen. Äußert er sich innerhalb dieser Frist nicht, gilt seine Zustimmung zur Kündigung als erteilt. Hat der Betriebsrat gegen eine außerordentliche Kündigung Bedenken, so hat er diese unter Angabe der Gründe dem Arbeitgeber unverzüglich, spätestens jedoch innerhalb von drei Tagen, schriftlich mitzuteilen. Der Betriebsrat soll, soweit dies erforderlich erscheint, vor seiner Stellungnahme den betroffenen Arbeitnehmer hören. § 99 Abs. 1 Satz 3 gilt entsprechend.

(3) Der Betriebsrat kann innerhalb der Frist des Absatzes 2 Satz 1 der ordentlichen Kündigung widersprechen, wenn

1. der Arbeitgeber bei der Auswahl des zu kündigenden Arbeitnehmers soziale Gesichtspunkte nicht oder nicht ausreichend berücksichtigt hat,
2. die Kündigung gegen eine Richtlinie nach § 95 verstößt,
3. der zu kündigende Arbeitnehmer an einem anderen Arbeitsplatz im selben Betrieb oder in einem anderen Betrieb des Unternehmens weiterbeschäftigt werden kann,

4. die Weiterbeschäftigung des Arbeitnehmers nach zumutbaren Umschulungs- oder Fortbildungsmaßnahmen möglich ist oder
5. eine Weiterbeschäftigung des Arbeitnehmers unter geänderten Vertragsbedingungen möglich ist und der Arbeitnehmer sein Einverständnis

hiermit erklärt hat.

(4) Kündigt der Arbeitgeber, obwohl der Betriebsrat nach Absatz 3 der Kündigung widersprochen hat, so hat er dem Arbeitnehmer mit der Kündigung eine Abschrift der Stellungnahme des Betriebsrats zuzuleiten.

(5) Hat der Betriebsrat einer ordentlichen Kündigung frist- und ordnungsgemäß widersprochen, und hat der Arbeitnehmer nach dem Kündigungsschutzgesetz Klage auf Feststellung erhoben, dass das Arbeitsverhältnis durch die Kündigung nicht aufgelöst ist, so muss der Arbeitgeber auf Verlangen des Arbeitnehmers diesen nach Ablauf der Kündigungsfrist bis zum rechtskräftigen Abschluss des Rechtsstreits bei unveränderten Arbeitsbedingungen weiterbeschäftigen. Auf Antrag des Arbeitgebers kann das Gericht ihn durch einstweilige Verfügung von der Verpflichtung zur Weiterbeschäftigung nach Satz 1 entbinden, wenn

1. die Klage des Arbeitnehmers keine hinreichende Aussicht auf Erfolg bietet oder mutwillig erscheint oder
2. die Weiterbeschäftigung des Arbeitnehmers zu einer unzumutbaren wirtschaftlichen Belastung des Arbeitgebers führen würde oder
3. der Widerspruch des Betriebsrats offensichtlich unbegründet war.

(6) Arbeitgeber und Betriebsrat können vereinbaren, dass Kündigungen der Zustimmung des Betriebsrats bedürfen und dass bei Meinungsverschiedenheiten über die Berechtigung der Nichterteilung der Zustimmung die Einigungsstelle entscheidet.

(7) Die Vorschriften über die Beteiligung des Betriebsrats nach dem Kündigungsschutzgesetz bleiben unberührt.

§ 112

Interessenausgleich über die Betriebsänderung, Sozialplan

(1) Kommt zwischen Unternehmer und Betriebsrat ein Interessenausgleich über die geplante Betriebsänderung zustande, so ist dieser schriftlich niederzulegen und vom Unternehmer und Betriebsrat zu unterschreiben. Das gleiche gilt für eine Einigung über den Ausgleich oder die Milderung der wirtschaftlichen Nachteile, die den Arbeitnehmern infolge der geplanten Betriebsänderung entstehen (Sozialplan). Der Sozialplan hat die Wirkung einer Betriebsvereinbarung. § 77 Abs. 3 ist auf den Sozialplan nicht anzuwenden.

(2) Kommt ein Interessenausgleich über die geplante Betriebsänderung oder eine Einigung über den Sozialplan nicht zustande, so können der Unternehmer oder der Betriebsrat den Vorstand der Bundesagentur für Arbeit um Vermittlung ersuchen, der Vorstand kann die Aufgabe auf andere Bedienstete der Bundesagentur für Arbeit übertragen. Erfolgt kein Vermittlungsersuchen oder bleibt der Vermittlungsversuch ergebnislos, so können der Unternehmer oder der Betriebsrat die Einigungsstelle anrufen. Auf Ersuchen des Vorsitzenden der Einigungsstelle nimmt ein Mitglied des Vorstands der Bundesagentur für Arbeit oder ein vom Vorstand der Bundesagentur für Arbeit benannter Bediensteter der Bundesagentur für Arbeit an der Verhandlung teil.

(3) Unternehmer und Betriebsrat sollen der Einigungsstelle Vorschläge zur Beilegung der Meinungsverschiedenheiten über den Interessenausgleich und den Sozialplan machen. Die Einigungsstelle hat eine Einigung der Parteien zu versuchen. Kommt eine Einigung zustande, so ist sie schriftlich niederzulegen und von den Parteien und vom Vorsitzenden zu unterschreiben.

(4) Kommt eine Einigung über den Sozialplan nicht zustande, so entscheidet die Einigungsstelle über die Aufstellung eines Sozialplans. Der Spruch der Einigungsstelle ersetzt die Einigung zwischen Arbeitgeber und Betriebsrat.

(5) Die Einigungsstelle hat bei ihrer Entscheidung nach Absatz 4 sowohl die sozialen Belange der betroffenen Arbeitnehmer zu berücksichtigen als auch auf die wirtschaftliche Vertretbarkeit ihrer Entscheidung für das Unternehmen zu achten. Dabei hat die Einigungsstelle sich im Rahmen billigen Ermessens insbesondere von folgenden Grundsätzen leiten zu lassen:

1. Sie soll beim Ausgleich oder bei der Milderung wirtschaftlicher Nachteile, insbesondere durch Einkommensminderung, Wegfall von Sonderleistungen oder Verlust von Anwartschaften auf betrieb-

liche Altersversorgung, Umzugskosten oder erhöhte Fahrtkosten, Leistungen vorsehen, die in der Regel den Gegebenheiten des Einzelfalles Rechnung tragen.

2. Sie hat die Aussichten der betroffenen Arbeitnehmer auf dem Arbeitsmarkt zu berücksichtigen. Sie soll Arbeitnehmer von Leistungen ausschließen, die in einem zumutbaren Arbeitsverhältnis im selben Betrieb oder in einem anderen Betrieb des Unternehmens oder eines zum Konzern gehörenden Unternehmens weiterbeschäftigt werden können und die Weiterbeschäftigung ablehnen; die mögliche Weiterbeschäftigung an einem anderen Ort begründet für sich allein nicht die Unzumutbarkeit. 2a. Sie soll insbesondere die im Dritten Buch des Sozialgesetzbuches vorgesehenen Förderungsmöglichkeiten zur Vermeidung von Arbeitslosigkeit berücksichtigen.
3. Sie hat bei der Bemessung des Gesamtbetrages der Sozialplanleistungen darauf zu achten, dass der Fortbestand des Unternehmens oder die nach Durchführung der Betriebsänderung verbleibenden Arbeitsplätze nicht gefährdet werden.

§ 112a
Erzwingbarer Sozialplan bei Personalabbau, Neugründungen

(1) Besteht eine geplante Betriebsänderung im Sinne des § 111 Satz 3 Nr. 1 allein in der Entlassung von Arbeitnehmern, so findet § 112 Abs. 4 und 5 nur Anwendung, wenn
1. in Betrieben mit in der Regel weniger als 60 Arbeitnehmern 20 vom Hundert der regelmäßig beschäftigten Arbeitnehmer, aber mindestens 6 Arbeitnehmer,
2. in Betrieben mit in der Regel mindestens 60 und weniger als 250 Arbeitnehmern 20 vom Hundert der regelmäßig beschäftigten Arbeitnehmer oder mindestens 37 Arbeitnehmer,
3. in Betrieben mit in der Regel mindestens 250 und weniger als 500 Arbeitnehmern 15 vom Hundert der regelmäßig beschäftigten Arbeitnehmer oder mindestens 60 Arbeitnehmer,
4. in Betrieben mit in der Regel mindestens 500 Arbeitnehmern 10 vom Hundert der regelmäßig beschäftigten Arbeitnehmer, aber mindestens 60 Arbeitnehmer

aus betriebsbedingten Gründen entlassen werden sollen. Als Entlassung gilt auch das vom Arbeitgeber aus Gründen der Betriebsänderung veranlasste Ausscheiden von Arbeitnehmern auf Grund von Aufhebungsverträgen.

(2) § 112 Abs. 4 und 5 findet keine Anwendung auf Betriebe eines Unternehmens in den ersten vier Jahren nach seiner Gründung. Dies gilt nicht für Neugründungen im Zusammenhang mit der rechtlichen Umstrukturierung von Unternehmen und Konzernen. Maßgebend für den Zeitpunkt der Gründung ist die Aufnahme einer Erwerbstätigkeit, die nach § 138 der Abgabenordnung dem Finanzamt mitzuteilen ist.

Bundesdatenschutzgesetz (BDSG)

§ 1
Zweck und Anwendungsbereich des Gesetzes

(1) Zweck dieses Gesetzes ist es, den einzelnen davor zu schützen, daß er durch den Umgang mit seinen personenbezogenen Daten in seinem Persönlichkeitsrecht beeinträchtigt wird.

(2) Dieses Gesetz gilt für die Erhebung, Verarbeitung und Nutzung personenbezogener Daten durch
1. öffentliche Stellen des Bundes,
2. öffentliche Stellen der Länder, soweit der Datenschutz nicht durch Landesgesetz geregelt ist und soweit sie a) Bundesrecht ausführen oder b) als Organe der Rechtspflege tätig werden und es sich nicht um Verwaltungsangelegenheiten handelt,
3. nicht öffentliche Stellen, soweit sie die Daten unter Einsatz von Datenverarbeitungsanlagen verarbeiten, nutzen oder dafür erheben oder die Daten in oder aus nicht automatisierten Dateien verarbeiten, nutzen oder dafür erheben, es sei denn, die Erhebung, Verarbeitung oder Nutzung der Daten erfolgt ausschließlich für persönliche oder familiäre Tätigkeiten.

(3) Soweit andere Rechtsvorschriften des Bundes auf personenbezogene Daten einschließlich deren Veröffentlichung anzuwenden sind, gehen sie den Vorschriften dieses Gesetzes vor. Die Verpflichtung zur Wahrung gesetzlicher Geheimhaltungspflichten oder von Berufs- oder besonderen Amtsgeheimnissen, die nicht auf gesetzlichen Vorschriften beruhen, bleibt unberührt.

(4) Die Vorschriften dieses Gesetzes gehen denen des Verwaltungsverfahrensgesetzes vor, soweit bei der Ermittlung des Sachverhalts personenbezogene Daten verarbeitet werden.

(5) Dieses Gesetz findet keine Anwendung, sofern eine in einem anderen Mitgliedstaat der Europäischen Union oder in einem anderen Vertragsstaat des Abkommens über den Europäischen Wirtschaftsraum belegene verantwortliche Stelle personenbezogene Daten im Inland erhebt, verarbeitet oder nutzt, es sei denn, dies erfolgt durch eine Niederlassung im Inland. Dieses Gesetz findet Anwendung, sofern eine verantwortliche Stelle, die nicht in einem Mitgliedstaat der Europäischen Union oder in einem anderen Vertragsstaat des Abkommens über den Europäischen Wirtschaftsraum belegen ist, personenbezogene Daten im Inland erhebt, verarbeitet oder nutzt. Soweit die verantwortliche Stelle nach diesem Gesetz zu nennen ist, sind auch Angaben über im Inland ansässige Vertreter zu machen. Die Sätze 2 und 3 gelten nicht, sofern Datenträger nur zum Zweck des Transits durch das Inland eingesetzt werden. § 38 Abs. 1 Satz 1 bleibt unberührt.

§ 3

Weitere Begriffsbestimmungen

(1) Löschen Personenbezogene Daten sind Einzelangaben über persönliche oder sachliche Verhältnisse einer bestimmten oder bestimmbaren natürlichen Person (Betroffener).

(2) Automatisierte Verarbeitung ist die Erhebung, Verarbeitung oder Nutzung personenbezogener Daten unter Einsatz von Datenverarbeitungsanlagen. Eine nicht automatisierte Datei ist jede nicht automatisierte Sammlung personenbezogener Daten, die gleichartig aufgebaut ist und nach bestimmten Merkmalen zugänglich ist und ausgewertet werden kann.

(3) Erheben ist das Beschaffen von Daten über den Betroffenen.

(4) Verarbeiten ist das Speichern, Verändern, Übermitteln, Sperren und Löschen personenbezogener Daten. Im einzelnen ist, ungeachtet der dabei angewendeten Verfahren:

1. Speichern das Erfassen, Aufnehmen oder Aufbewahren personenbezogener Daten auf einem Datenträger zum Zwecke ihrer weiteren Verarbeitung oder Nutzung,
2. Verändern das inhaltliche Umgestalten gespeicherter personenbezogener Daten,
3. Übermitteln das Bekanntgeben gespeicherter oder durch Datenverarbeitung gewonnener personenbezogener Daten an einen Dritten in der Weise, daß a) die Daten an den Dritten weitergegeben werden oder b) der Dritte zur Einsicht oder zum Abruf bereitgehaltene Daten einsieht oder abruft,
4. Sperren das Kennzeichnen gespeicherter personenbezogener Daten, um ihre weitere Verarbeitung oder Nutzung einzuschränken,

das Unkenntlichmachen gespeicherter personenbezogener Daten.

(5) Nutzen ist jede Verwendung personenbezogener Daten, soweit es sich nicht um Verarbeitung handelt.

(6) Anonymisieren ist das Verändern personenbezogener Daten derart, daß die Einzelangaben über persönliche oder sachliche Verhältnisse nicht mehr oder nur mit einem unverhältnismäßig großen Aufwand an Zeit, Kosten und Arbeitskraft einer bestimmten oder bestimmbaren natürlichen Person zugeordnet werden können.

(6a) Pseudonymisieren ist das Ersetzen des Namens und anderer Identifikationsmerkmale durch ein Kennzeichnen zu dem Zweck, die Bestimmung des Betroffenen auszuschließen oder wesentlich zu erschweren.

(7) Verantwortliche Stelle ist jede Person oder Stelle, die personenbezogene Daten für sich selbst erhebt, verarbeitet oder nutzt oder dies durch andere im Auftrag vornehmen lässt.

(8) Empfänger ist jede Person oder Stelle, die Daten erhält. Dritter ist jede Person oder Stelle außerhalb der verantwortlichen Stelle. Dritte sind nicht der Betroffene sowie Personen und Stellen, die im Inland, in einem anderen Mitgliedstaat der Europäischen Union oder in einem anderen Vertragsstaat des Abkommens über den Europäischen Wirtschaftsraum personenbezogene Daten im Auftrag erheben, verarbeiten oder nutzen.

(9) Besondere Arten personenbezogener Daten sind Angaben über die rassische und ethnische Herkunft, politische Meinungen, religiöse oder philosophische Überzeugungen, Gewerkschaftszugehörigkeit, Gesundheit oder Sexualleben.

(10) Mobile personenbezogene Speicher- und Verarbeitungsmedien sind Datenträger,

1. die an den Betroffenen ausgegeben werden,
2. auf denen personenbezogene Daten über die Speicherung hinaus durch die ausgebende oder eine andere Stelle automatisiert verarbeitet werden können und
3 bei denen der Betroffene diese Verarbeitung nur durch den Gebrauch des Mediums beeinflussen kann.

§ 3a
Datenvermeidung und Datensparsamkeit

Gestaltung und Auswahl von Datenverarbeitungssystemen haben sich an dem Ziel auszurichten, keine oder so wenig personenbezogene Daten wie möglich zu erheben, zu verarbeiten oder zu nutzen. Insbesondere ist von den Möglichkeiten der Anonymisierung und Pseudonymisierung Gebrauch zu machen, soweit dies möglich ist und der Aufwand in einem angemessenen Verhältnis zu dem angestrebten Schutzzweck steht.

§ 4
Zulässigkeit der Datenerhebung, -verarbeitung und -nutzung

(1) Die Erhebung, Verarbeitung und Nutzung personenbezogener Daten sind nur zulässig, soweit dieses Gesetz oder eine andere Rechtsvorschrift dies erlaubt oder anordnet oder der Betroffene eingewilligt hat.

(2) Personenbezogene Daten sind beim Betroffenen zu erheben. Ohne seine Mitwirkung dürfen sie nur erhoben werden, wenn
1. eine Rechtsvorschrift dies vorsieht oder zwingend voraussetzt oder
2. a) die zu erfüllende Verwaltungsaufgabe ihrer Art nach oder der Geschäftszweck eine Erhebung bei anderen Personen oder Stellen erforderlich macht oder b) die Erhebung beim Betroffenen einen unverhältnismäßigen Aufwand erfordern würde

und keine Anhaltspunkte dafür bestehen, dass überwiegende schutzwürdige Interessen des Betroffenen beeinträchtigt werden.

(3) Werden personenbezogene Daten beim Betroffenen erhoben, so ist er, sofern er nicht bereits auf andere Weise Kenntnis erlangt hat, von der verantwortlichen Stelle über
1. die Identität der verantwortlichen Stelle,
2. die Zweckbestimmungen der Erhebung, Verarbeitung oder Nutzung und
3. die Kategorien von Empfängern nur, soweit der Betroffene nach den Umständen des Einzelfalles nicht mit der Übermittlung an diese rechnen muss,

zu unterrichten. Werden personenbezogene Daten beim Betroffenen aufgrund einer Rechtsvorschrift erhoben, die zur Auskunft verpflichtet, oder ist die Erteilung der Auskunft Voraussetzung für die Gewährung von Rechtsvorteilen, so ist der Betroffene hierauf, sonst auf die Freiwilligkeit seiner Angaben hinzuweisen. Soweit nach den Umständen des Einzelfalles erforderlich oder auf Verlangen, ist er über die Rechtsvorschrift und über die Folgen der Verweigerung von Angaben aufzuklären.

§ 4a
Einwilligung

(1) Die Einwilligung ist nur wirksam, wenn sie auf der freien Entscheidung des Betroffenen beruht. Er ist auf den vorgesehenen Zweck der Erhebung, Verarbeitung oder Nutzung sowie, soweit nach den Umständen des Einzelfalles erforderlich oder auf Verlangen, auf die Folgen der Verweigerung der Einwilligung hinzuweisen. Die Einwilligung bedarf der Schriftform, soweit nicht wegen besonderer Umstände eine andere Form angemessen ist. Soll die Einwilligung zusammen mit anderen Erklärungen schriftlich erteilt werden, ist sie besonders hervorzuheben.

(2) Im Bereich der wissenschaftlichen Forschung liegt ein besonderer Umstand im Sinne von Absatz 1 Satz 3 auch dann vor, wenn durch die Schriftform der bestimmte Forschungszweck erheblich beeinträchtigt würde. In diesem Fall sind der Hinweis nach Absatz 1 Satz 2 und die Gründe, aus denen sich die erhebliche Beeinträchtigung des bestimmten Forschungszwecks ergibt, schriftlich festzuhalten.

(3) Soweit besondere Arten personenbezogener Daten (§ 3 Abs. 9) erhoben, verarbeitet oder genutzt werden, muss sich die Einwilligung darüber hinaus ausdrücklich auf diese Daten beziehen.

§ 4f
Beauftragter für den Datenschutz

(1) Öffentliche und nicht öffentliche Stellen, die personenbezogene Daten automatisiert erheben, verarbeiten oder nutzen, haben einen Beauftragten für den Datenschutz schriftlich zu bestellen. Nicht öffentliche Stellen sind hierzu spätestens innerhalb eines Monats nach Aufnahme ihrer Tätigkeit verpflichtet. Das Gleiche gilt, wenn personenbezogene Daten auf andere Weise erhoben, verarbeitet oder genutzt werden und damit in der Regel mindestens 20 Personen beschäftigt sind. Die Sätze 1 und 2 gel-

ten nicht für nicht öffentliche Stellen, die höchstens vier Arbeitnehmer mit der Erhebung, Verarbeitung oder Nutzung personenbezogener Daten beschäftigen. Soweit aufgrund der Struktur einer öffentlichen Stelle erforderlich, genügt die Bestellung eines Beauftragten für den Datenschutz für mehrere Bereiche. Soweit nicht öffentliche Stellen automatisierte Verarbeitungen vornehmen, die einer Vorabkontrolle unterliegen oder personenbezogene Daten geschäftsmäßig zum Zweck der Übermittlung oder der anonymisierten Übermittlung erheben, verarbeiten oder nutzen, haben sie unabhängig von der Anzahl der Arbeitnehmer einen Beauftragten für den Datenschutz zu bestellen.

(2) Zum Beauftragten für den Datenschutz darf nur bestellt werden, wer die zur Erfüllung seiner Aufgaben erforderliche Fachkunde und Zuverlässigkeit besitzt. Mit dieser Aufgabe kann auch eine Person außerhalb der verantwortlichen Stelle betraut werden. Öffentliche Stellen können mit Zustimmung ihrer Aufsichtsbehörde einen Bediensteten aus einer anderen öffentlichen Stelle zum Beauftragten für den Datenschutz bestellen.

(3) Der Beauftragte für den Datenschutz ist dem Leiter der öffentlichen oder nicht öffentlichen Stelle unmittelbar zu unterstellen. Er ist in Ausübung seiner Fachkunde auf dem Gebiet des Datenschutzes weisungsfrei. Er darf wegen der Erfüllung seiner Aufgaben nicht benachteiligt werden. Die Bestellung zum Beauftragten für den Datenschutz kann in entsprechender Anwendung von § 626 des Bürgerlichen Gesetzbuches, bei nicht öffentlichen Stellen auch auf Verlangen der Aufsichtsbehörde, widerrufen werden.

(4) Der Beauftragte für den Datenschutz ist zur Verschwiegenheit über die Identität des Betroffenen sowie über Umstände, die Rückschlüsse auf den Betroffenen zulassen, verpflichtet, soweit er nicht davon durch den Betroffenen befreit wird.

(5) Die öffentlichen und nicht öffentlichen Stellen haben den Beauftragten für den Datenschutz bei der Erfüllung seiner Aufgaben zu unterstützen und ihm insbesondere, soweit dies zur Erfüllung seiner Aufgaben erforderlich ist, Hilfspersonal sowie Räume, Einrichtungen, Geräte und Mittel zur Verfügung zu stellen. Betroffene können sich jederzeit an den Beauftragten für den Datenschutz wenden.

§ 4g
Aufgaben des Beauftragten für den Datenschutz

(1) Der Beauftragte für den Datenschutz wirkt auf die Einhaltung dieses Gesetzes und anderer Vorschriften über den Datenschutz hin. Zu diesem Zweck kann sich der Beauftragte für den Datenschutz in Zweifelsfällen an die für die Datenschutzkontrolle bei der verantwortlichen Stelle zuständige Behörde wenden. Er hat insbesondere

1. die ordnungsgemäße Anwendung der Datenverarbeitungsprogramme, mit deren Hilfe personenbezogene Daten verarbeitet werden sollen, zu überwachen; zu diesem Zweck ist er über Vorhaben der automatisierten Verarbeitung personenbezogener Daten rechtzeitig zu unterrichten,
2. die bei der Verarbeitung personenbezogener Daten tätigen Personen durch geeignete Maßnahmen mit den Vorschriften dieses Gesetzes sowie anderen Vorschriften über den Datenschutz und mit den jeweiligen besonderen Erfordernissen des Datenschutzes vertraut zu machen.

(2) Dem Beauftragten für den Datenschutz ist von der verantwortlichen Stelle eine Übersicht über die in § 4e Satz 1 genannten Angaben sowie über zugriffsberechtigte Personen zur Verfügung zu stellen. Im Fall des § 4d Abs. 2 macht der Beauftragte für den Datenschutz die Angaben nach § 4e Satz 1 Nr. 1 bis 8 auf Antrag jedermann in geeigneter Weise verfügbar. Im Fall des § 4d Abs. 3 gilt Satz 2 entsprechend für die verantwortliche Stelle.

(3) Auf die in § 6 Abs. 2 Satz 4 genannten Behörden findet Absatz 2 Satz 2 keine Anwendung. Absatz 1 Satz 2 findet mit der Maßgabe Anwendung, dass der behördliche Beauftragte für den Datenschutz das Benehmen mit dem Behördenleiter herstellt; bei Unstimmigkeiten zwischen dem behördlichen Beauftragten für den Datenschutz und dem Behördenleiter entscheidet die oberste Bundesbehörde.

§ 7
Schadensersatz

Fügt eine verantwortliche Stelle dem Betroffenen durch eine nach diesem Gesetz oder nach anderen Vorschriften über den Datenschutz unzulässige oder unrichtige Erhebung, Verarbeitung oder Nutzung seiner personenbezogenen Daten einen Schaden zu, ist sie oder ihr Träger dem Betroffenen zum Schadensersatz verpflichtet. Die Ersatzpflicht entfällt, soweit die verantwortliche Stelle die nach den Umständen des Falles gebotene Sorgfalt beachtet hat.

§ 33

Benachrichtigung des Betroffenen

(1) Werden erstmals personenbezogene Daten für eigene Zwecke ohne Kenntnis des Betroffenen gespeichert, ist der Betroffene von der Speicherung, der Art der Daten, Der Zweckbestimmung der Erhebung, Verarbeitung oder Nutzung und der Identität der verantwortlichen Stelle zu benachrichtigen. Werden personenbezogene Daten geschäftsmäßig zum Zwecke der Übermittlung ohne Kenntnis des Betroffenen gespeichert, ist der Betroffene von der erstmaligen Übermittlung und der Art der übermittelten Daten zu benachrichtigen. Der Betroffene ist in den Fällen der Sätze 1 und 2 auch über die Kategorien von Empfängern zu unterrichten, soweit er nach den Umständen des Einzelfalles nicht mit der Übermittlung an diese rechnen muss.

(2) Eine Pflicht zur Benachrichtigung besteht nicht, wenn

1. der Betroffene auf andere Weise Kenntnis von der Speicherung oder der Übermittlung erlangt hat,
2. die Daten nur deshalb gespeichert sind, weil sie aufgrund gesetzlicher, satzungsmäßiger oder vertraglicher Aufbewahrungsvorschriften nicht gelöscht werden dürfen oder ausschließlich der Datensicherung oder der Datenschutzkontrolle dienen und eine Benachrichtigung einen unverhältnismäßigen Aufwand erfordern würde,
3. die Daten nach einer Rechtsvorschrift oder ihrem Wesen nach, namentlich wegen des überwiegenden rechtlichen Interesses eines Dritten, geheimgehalten werden müssen,
4. die Speicherung über Übermittlung durch Gesetz ausdrücklich vorgesehen ist,
5. die Speicherung oder Übermittlung für Zwecke der wissenschaftlichen Forschung erforderlich ist und eine Benachrichtigung einen unverhältnismäßigen Aufwand erfordern würde,
6. die zuständige öffentliche Stelle gegenüber der verantwortlichen Stelle festgestellt hat, daß das Bekanntwerden der Daten die öffentliche Sicherheit oder Ordnung gefährden oder sonst dem Wohle des Bundes oder eines Landes Nachteile bereiten würde,
7. die Daten für eigene Zwecke gespeichert sind und a) aus allgemein zugänglichen Quellen entnommen sind und eine Benachrichtigung wegen der Vielzahl der betroffenen Fälle unverhältnismäßig ist, oder b) die Benachrichtigung die Geschäftszwecke der verantworlichen Stelle erheblich gefährden würde, es sei denn, daß das Interesse an der Benachrichtigung die Gefährdung überwiegt, oder
8. die Daten geschäftsmäßig zum Zwecke der Übermittlung gespeichert sind und a) aus allgemein zugänglichen Quellen entnommen sind, soweit sie sich auf diejenigen Personen beziehen, die diese Daten veröffentlicht haben, oder b) es sich um listenmäßig oder sonst zusammengefasste Daten handelt (§ 29 Abs. 2 Nr. 1 Buchstabe b)

und eine Benachrichtigung wegen der Vielzahl der betroffenen Fälle unverhältnismäßig ist.Die verantwortliche Stelle legt schriftlich fest, unter welchen Voraussetzungen von einer Benachrichtigung nach Satz 1 Nr. 2 bis 7 abgesehen wird.

§ 34

Auskunft an den Betroffenen

(1) Der Betroffene kann Auskunft verlangen über

1. die zu seiner Person gespeicherten Daten, auch soweit sie sich auf die Herkunft dieser Daten beziehen,
2. Empfänger oder Kategorien von Empfängern, an die Daten weitergegeben werden, und
3. den Zweck der Speicherung.

Er soll die Art der personenbezogenen Daten, über die Auskunft erteilt werden soll, näher bezeichnen. Werden die personenbezogenen Daten geschäftsmäßig zum Zwecke der Übermittlung gespeichert, kann der Betroffene über Herkunft und Empfänger nur Auskunft verlangen, sofern nicht das Interesse an der Wahrung des Geschäftsgeheimnisses überwiegt. In diesem Falle ist Auskunft über Herkunft und Empfänger auch dann zu erteilen, wenn diese Angaben nicht gespeichert sind.

(2) Der Betroffene kann von Stellen, die geschäftsmäßig personenbezogene Daten zum Zwecke der Auskunftserteilung speichern, Auskunft über seine personenbezogenen Daten verlangen, auch wenn sie weder in einer automatisierten Verarbeitung noch in einer nicht automatisierten Datei gespeichert sind. Auskunft über Herkunft und Empfänger kann der Betroffene nur verlangen, sofern nicht das Interesse an der Wahrung des Geschäftsgeheimnisses überwiegt.

(3) Die Auskunft wird schriftlich erteilt, soweit nicht wegen der besonderen Umstände eine andere Form der Auskunftserteilung angemessen ist.

(4) Eine Pflicht zur Auskunftserteilung besteht nicht, wenn der Betroffene nach § 33 Abs. 2 Satz 1 Nr. 2, 3 und 5 bis 7 nicht zu benachrichtigen ist.

(5) Die Auskunft ist unentgeltlich. Werden die personenbezogenen Daten geschäftsmäßig zum Zwecke der Übermittlung gespeichert, kann jedoch ein Entgelt verlangt werden, wenn der Betroffene die Auskunft gegenüber Dritten zu wirtschaftlichen Zwecken nutzen kann. Das Entgelt darf über die durch die Auskunftserteilung entstandenen direkt zurechenbaren Kosten nicht hinausgehen. Ein Entgelt kann in den Fällen nicht verlangt werden, in denen besondere Umstände die Annahme rechtfertigen, daß Daten unrichtig oder unzulässig gespeichert werden, oder in denen die Auskunft ergibt, daß die Daten zu berichtigen oder unter der Voraussetzung des § 35 Abs. 2 Satz 2 Nr. 1 zu löschen sind.

(6) Ist die Auskunftserteilung nicht unentgeltlich, ist dem Betroffenen die Möglichkeit zu geben, sich im Rahmen seines Auskunftsanspruchs persönlich Kenntnis über die ihn betreffenden Daten und Angaben zu verschaffen. Er ist hierauf in geeigneter Weise hinzuweisen.

§ 35
Berichtigung, Löschung und Sperrung von Daten

(1) Personenbezogene Daten sind zu berichtigen, wenn sie unrichtig sind.

(2) Personenbezogene Daten können außer in den Fällen des Absatzes 3 Nr. 1 und 2 jederzeit gelöscht werden. Personenbezogene Daten sind zu löschen, wenn

1. ihre Speicherung unzulässig ist,
2. es sich um Daten über die rassische oder ethnische Herkunft, politische Meinungen, religiöse oder philosophische Überzeugungen oder die Gewerkschaftszugehörigkeit, über Gesundheit oder das Sexualleben, strafbare Handlungen oder Ordnungswidrigkeiten handelt und ihre Richtigkeit von der verantwortlichen Stelle nicht bewiesen werden kann,
3. sie für eigene Zwecke verarbeitet werden, sobald ihre Kenntnis für die Erfüllung des Zweckes der Speicherung nicht mehr erforderlich ist, oder
4. sie geschäftsmäßig zum Zweck der Übermittlung verarbeitet werden und eine Prüfung jeweils am Ende des vierten Kalenderjahres beginnend mit ihrer erstmaligen Speicherung ergibt, dass eine längerwährende Speicherung nicht erforderlich ist.

(3) An die Stelle einer Löschung tritt eine Sperrung, soweit

1. im Falle des Absatzes 2 Nr. 3 einer Löschung gesetzliche, satzungsmäßige oder vertragliche Aufbewahrungsfristen entgegenstehen,
2. Grund zu der Annahme besteht, daß durch eine Löschung schutzwürdige Interessen des Betroffenen beeinträchtigt würden, oder
3. eine Löschung wegen der besonderen Art der Speicherung nicht oder nur mit unverhältnismäßig hohem Aufwand möglich ist.

(4) Personenbezogene Daten sind ferner zu sperren, soweit ihre Richtigkeit vom Betroffenen bestritten wird und sich weder die Richtigkeit noch die Unrichtigkeit feststellen läßt.

(5) Personenbezogene Daten dürfen nicht für eine automatisierte Verarbeitung oder Verarbeitung in nicht automatisierten Dateien erhoben, verarbeitet oder genutzt werden, soweit der Betroffene dieser bei der verantwortlichen Stelle widerspricht und eine Prüfung ergibt, dass das schutzwürdige Interesse des Betroffenen wegen seiner besonderen persönlichen Situation das Interesse der verantwortlichen Stelle an dieser Erhebung, Verarbeitung oder Nutzung überwiegt. Satz 1 gilt nicht, wenn eine Rechtsvorschrift zur Erhebung, Verarbeitung oder Nutzung verpflichtet.

(6) Personenbezogene Daten, die unrichtig sind oder deren Richtigkeit bestritten wird, müssen bei der geschäftsmäßigen Datenspeicherung zum Zwecke der Übermittlung außer in den Fällen des Absatzes 2 Nr. 2 nicht berichtigt, gesperrt oder gelöscht werden, wenn sie aus allgemein zugänglichen Quellen entnommen und zu Dokumentationszwecken gespeichert sind. Auf Verlangen des Betroffenen ist diesen Daten für die Dauer der Speicherung seine Gegendarstellung beizufügen. Die Daten dürfen nicht ohne diese Gegendarstellung übermittelt werden.

(7) Von der Berichtigung unrichtiger Daten, der Sperrung bestrittener Daten sowie der Löschung oder Sperrung wegen Unzulässigkeit der Speicherung sind die Stellen zu verständigen, denen im Rahmen einer Datenübermittlung diese Daten zur Speicherung weitergegeben werden, wenn dies keinen unverhältnismäßigen Aufwand erfordert und schutzwürdige Interessen des Betroffenen nicht entgegenstehen.

(8) Gesperrte Daten dürfen ohne Einwilligung des Betroffenen nur übermittelt oder genutzt werden, wenn

1. es zu wissenschaftlichen Zwecken, zur Behebung einer bestehenden Beweisnot oder aus sonstigen im überwiegenden Interesse der verantworlichen Stelle oder eines Dritten liegenden Gründen unerläßlich ist und
2. die Daten hierfür übermittelt oder genutzt werden dürften, wenn sie nicht gesperrt wären.